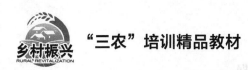

"三农"培训精品教材

肉羊高效养殖
与疾病防治新技术

张玉新 吕 方 郭春晓 主编

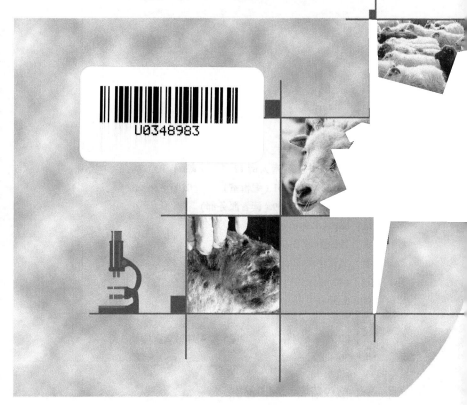

U0348983

中国农业科学技术出版社

图书在版编目（CIP）数据

肉羊高效养殖与疾病防治新技术／张玉新，吕方，郭春晓主编. -- 北京：中国农业科学技术出版社，2024.6.（2025.4.重印）-- ISBN 978-7-5116-6872-1

Ⅰ. S826.9；S858.26

中国国家版本馆 CIP 数据核字第 2024TX3785 号

责任编辑	施睿佳　姚　欢
责任校对	王　彦
责任印制	姜义伟　王思文

出 版 者	中国农业科学技术出版社
	北京市中关村南大街 12 号　　邮编：100081
电　话	（010）82106631（编辑室）　　（010）82106624（发行部）
	（010）82109709（读者服务部）
网　址	https://castp.caas.cn
经 销 者	各地新华书店
印 刷 者	北京中科印刷有限公司
开　本	140 mm×203 mm　1/32
印　张	5.5
字　数	153 千字
版　次	2024 年 6 月第 1 版　2025 年 4 月第 2 次印刷
定　价	36.00 元

《肉羊高效养殖与疾病防治新技术》
编 委 会

前　　言

　　肉羊是对外界环境适应性强的家畜之一，食性广、耐粗饲、抗逆性强。饲养肉羊投资少、周转快、效益稳、回报率高。肉羊养殖是我国畜牧业的重要组成部分，对于满足市场需求、促进农村经济发展和提高农民收入具有重要意义。然而，传统的肉羊养殖方式往往存在着养殖周期长、饲料转化率低，以及疾病发生率高等问题，这些问题严重制约了肉羊产业的可持续发展。因此，学习肉羊高效养殖与疾病防治新技术显得尤为重要。

　　本书从我国肉羊生产的实际出发，按照国家对农产品安全生产的要求，系统介绍了肉羊高效养殖技术和疾病防治方法，旨在帮助养殖户提高养殖效益，降低疾病风险，推动肉羊产业的健康发展。本书共七章，包括肉羊场的规划与建设、肉羊品种的选择、肉羊的繁殖技术、肉羊营养与饲料管理、肉羊的饲养管理技术、肉羊场的防疫管理、肉羊常见病的防治新技术。这些内容都是基于最新的科研成果和实践经验，具有较强的实用性和指导意义。

　　本书既适合广大养殖专业户、中小型养殖场的技术人员在实际操作中进行参考和使用，同时也为肉羊养殖的管理人员提供了宝贵的行业经验和管理策略。

　　由于时间仓促，水平有限，书中难免存在不足之处，欢迎广大读者批评指正！

编　者

2024 年 3 月

目　　录

第一章 肉羊场的规划与建设

第一节 肉羊场场址的选择和规划

一、肉羊场场址的选择

肉羊场场址的选择不仅是关系到养羊成败和经济效益的重大问题，也是肉羊场建设遇到的首要问题。因此，选择场址除考虑饲养规模，还应充分考虑肉羊场的周围条件，是否符合肉羊的生活习性等。较为理想的肉羊场场址应具备以下基本条件。

（一）地势地形

肉羊场应建在地势高燥（至少建在高出当地历史洪水的水位线）、背风向阳、空气流通、土质坚实（砂壤土地区最理想）、地下水位低（应在2米以下）、排水良好、具有缓坡的平坦开阔地带。肉羊场要远离沼泽、泥泞地区，因为这样的地方常常是体内、体外寄生虫和蚊、蝇、虻等生存聚集的场所。地势要向阳背风，以保持场区内小气候的相对稳定，减少冬、春季风雪的侵袭，特别是要避开西北方向开口的山谷和谷地。

肉羊场的地面要平坦而稍有坡度，以便排水，防止积水和泥泞。地面坡度以5°～10°较为理想，最大不能超过25°。坡度过大，建筑施工不方便，也会因为雨水的冲刷而使场区地面坎坷不平。

（二）水源

在生产过程中，羊的饮水、用具的清洗、药浴池的用水和生活用水等都需要大量的水。建一个肉羊场必须考虑有可靠的水源。水源应符合下列要求。

（1）水量充足，能满足场内人畜的饮用和其他生产、生活的用量，并应考虑防火和未来的发展需要。

（2）水质良好，不经过处理即能符合饮用标准的水最为理想。此外，在选择时要调查当地是否有因为水质不良而出现过某些地方性疾病的情况。

（3）便于保护，以保证水源水质经常处于良好状态，不受周围环境污染。

（三）饲草、饲料资源

饲草、饲料是肉羊赖以生存的最基本条件，草料缺乏或附近无牧地的地方不适合建设肉羊场。在以放牧为主的牧场，必须有足够的牧地和草场，以舍饲为主的农区、垦区和比较集中的肉羊育肥产区，必须要有足够的饲草、饲料基地或便利的饲料原料来源。肉羊场周围及附近饲草如花生秧、甘薯秧、大蒜秆、大豆秆等优质农副秸秆资源必须丰富。建肉羊场时要考虑有稳定的饲料供给，如放牧地、饲料生产基地、打草场等。

（四）交通、通信和电力

肉羊场应该具备快捷的交通、方便的通信设施和稳定的电力供应。肉羊场要与工厂和居民区保持一定距离，既便于保证原材料和产品的运输，又能够保证防疫要求、减少疾病传播的机会。肉羊场必须具有满足照明、饲料生产所需要的电力供应系统，保证肉羊场的生产和生活的正常运行，减少停电对生产造成的损失。商品肉羊场的周边区域如果具备屠宰、加工、储存等条件，可以减少运输成本，有效降低生产成本。

（五）防疫条件

肉羊场必须建立在非疫区，肉羊场内具备基本的防疫和隔离措施，及时了解当地及周边的疫情，建立自己的防疫体系、科学布局各建筑物，以减少疫病损失，保证肉羊场的正常生产。为了防疫的需要，肉羊场应距离村镇不少于 500 米，距离交通干线1 000 米、一般道路 500 米以上。

二、肉羊场的场区规划

（一）肉羊场的功能分区

肉羊场通常分为生活管理区、辅助生产区、生产区和隔离区。生活管理区和辅助生产区应位于场区常年主导风向的上风处和地势较高处，隔离区位于场区常年主导风向的下风处和地势较低处。

（二）羊场的规划布置

1. 生活管理区

生活管理区主要包括管理人员办公室、技术人员业务用房、接待室、会议室、技术资料室、化验室、食堂、职工值班宿舍、厕所、传达室、警卫值班室、围墙和大门、外来人员第一次更衣消毒室和车辆消毒设施等。对生活管理区的具体规划因肉羊场规模而定。生活管理区一般应位于场区全年主导风向的上风处或侧风处，并且应在紧邻场区大门内侧集中布置。肉羊场大门应位于场区主干道与场外道路连接处，设施布置应使外来人员或车辆经过强制性消毒，并经门卫放行才能进场。生活管理区应和生产区严格分开，与生产区之间有一定缓冲地带，生产区入口处设置外来人员第二次更衣消毒室和车辆消毒设施。

2. 辅助生产区

辅助生产区主要包括供水、供电、供热、设备维修、物资仓库、饲料储存等设施，这些设施应靠近生产区的负荷中心布置，与生活管理区没有严格的界线要求。对于饲料仓库，则要求仓库的卸料口开在辅助生产区内，仓库的取料口开在生产区内，杜绝外来车辆进入生产区，保证生产区内外运料车互不交叉使用。

3. 生产区

生产区主要设置不同类型的羊舍、剪毛间、采精室、人工授精室、羊装车台、选种展示厅等建筑。这些设施都应设置两个出入口，分别与生活管理区和生产区相通。

4. 隔离区

隔离区主要包括兽医室、隔离羊舍、尸体解剖室、病尸高压灭菌或焚烧处理设备及粪便和污水储存与处理设施。隔离区应位于场区常年主导风向的下风处和地势较低处，与生产区的间距应满足兽医卫生防疫要求。绿化隔离带、隔离区内部的粪便污水处理设施和其他设施也需有适当的卫生防疫间距。隔离区内的粪便污水处理设施与生产区有专用道路相连，与场区外有专用大门和道路相通。

三、肉羊舍的选择和建造要求

（一）肉羊舍的类型

羊舍类型主要包括长方形羊舍、楼式羊舍和棚舍 3 种；根据羊舍四周墙壁封闭的严密程度，可分为封闭舍、开放与半开放舍、棚舍等多种类型；根据屋顶的样式可以分为单坡式、双坡式、钟楼式、拱式等类型；根据羊舍内部结构建造样式可以分为双列式和单列式。

1. 长方形羊舍

长方形羊舍是我国最常见的典型羊舍。羊舍的墙壁采用砖、石、土坯结构筑成，墙壁中央设置向外开启的双扇门，南北墙都设有窗。羊舍自然采光好，温差小，经济实用。

2. 楼式羊舍

楼式羊舍是我国寒冷地区和多雨潮湿地区较为常见的形式。夏季羊舍上层是羊床、楼下储存粪尿，冬、春季楼下清除粪尿、消毒后，羊舍在下层、楼上均可储存草料。近年来我国普遍采用修建高床漏缝地板改进普通羊舍，可有效地调节羊舍环境。

3. 棚舍

棚舍是我国炎热地区肉羊场常用的简易羊舍，具有很强的防太阳辐射作用，但是保温性能差。同时，温带地区放牧草场常用棚舍供羊休息和采食，相当于凉棚的形式。我国北方地区常在棚舍的基础上改建成塑料膜暖棚羊舍，具有较好保暖效果，经济实用。

(二) 羊舍类型的选择

肉羊场在选择羊舍类型时，应当根据当地的气候条件、饲养方式及建筑成本确定适宜类型的羊舍。

一般的肉羊场通常采用长方形羊舍，采光好、温差小，经济适用。修建封闭式羊舍或暖棚羊舍，可以有效地控制羊舍小气候、提高肉羊的生产效益和经济效益；也可以根据气候条件、生产规模和资金情况修建半开放式或全开放式羊舍，相比封闭式羊舍造价低，简单，管理方便。其中单坡式羊舍跨度小、自然采光好，适于小型羊场或农户；双坡式羊舍跨度大、保温强，但采光和通风差、占地面积少。规模化羊场一般采用长方形封闭式双列羊舍。

北方寒冷地区和南方多雨潮湿地区适宜楼式羊舍，但是造价高，在简易羊舍地面修建高床漏缝地板以降低成本。可以利用简易的棚舍改建成斜面透光式塑料膜暖棚羊舍，有效地提高羊舍内的温度，在一定程度上改善了寒冷地区冬季养羊生产的不利因素。塑料膜暖棚羊舍有利于发展适度规模经营，而且投资少，易于修建。

（三）肉羊舍的设计

1. 羊舍的大小

羊在圈舍内应该有足够大的空间。羊舍过窄过小，使羊拥挤，不仅舍内易潮湿，空气易混浊，对于羊的健康不利，而且饲养管理也不方便。可以在羊舍的纵轴方向安装排风扇。反之，如果羊舍的空间过大，不但造成浪费，而且不利于冬季保温。

2. 羊舍的占地面积

羊舍的面积要根据羊的性别、个体大小、生理阶段和羊只数量来决定。各类型羊每只大致需要的面积：产羔室可以按照基础母羊总数的20%～25%计算；运动场的面积一般为羊舍占地面积的2～2.5倍；成年羊运动场可以按照4米^2/只计算。运动场最好建在羊舍的南面，低于羊舍的地面，向南缓缓倾斜，以砂壤土为好，便于排水和保持干燥。运动场周围要设有围栏，围栏的高度为1.5～1.8米。

3. 羊舍的高度

羊舍地面到顶棚的高度一般为2.5米，门宽2～3米，门高2米。窗户要开在阳面，其面积为羊舍面积的1/15～1/10，窗台距地面1.5米。羊舍地面应高出舍外地面20～30厘米，铺成缓斜坡，以利于排水。羊舍与运动场之间要有出入口。

（四）肉羊舍建造的基本要求

1. 地面

羊舍的地面是羊休息、拉屎撒尿和生产、生活的地方。地面的保暖和卫生状况很重要。羊舍地面有实地面和漏缝地面两种类型。实地面又因建筑材料不同而分为夯实黏土、三合土（石灰：碎石：黏土比例为1∶2∶4）、石地、砖地、水泥地、木质地面等。不同材料各有优缺点，要根据实际情况采用。漏缝地面现多用塑料铸成，有很多厂家进行生产。

2. 墙壁

羊舍的墙壁要坚固耐用，抗震耐水防火，结构简单，便于清扫、消毒。同时应有良好的保温与隔热性能。墙壁的结构、厚度以及数量取决于当地的气候条件和羊舍的类型。气温高的地区，可以建造简易的棚舍或半开放式羊舍；气温低的地区，墙壁要有较好的保温隔热能力，可以建造加厚墙、空心砖墙或中间夹有隔热层的墙。

3. 屋顶和顶棚

屋顶要有防水、保温、隔热的功能，正确处理好这 3 个方面的关系，对于保证羊舍环境的控制极为重要。建造屋顶的材料有陶瓦、石棉瓦、木板、塑料薄膜、油毡、彩钢瓦等。在寒冷地区可以加盖顶棚，顶棚上可储存冬季的干草，并能增强羊舍保温性能。

第二节　肉羊场的设施设备

根据肉羊生产特点，建设羊舍时要求羊舍达到最佳生产的环境，同时还应该配套必要的生产设施和设备，以提高肉羊的生产水平，获取更大的生产效益和经济效益。

一、饮水设备

羊舍的饮水设备通常采用饮水槽（自动饮水器）。饮水槽一般固定在羊舍或运动场上，可用镀锌铁皮制成，也可用砖、水泥制成。饮水槽上宽 25 厘米，下宽 20～22 厘米，垂直深 20 厘米，槽底距地面 20～30 厘米。长度一般 0.8～1.5 米。在其一侧下部设置排水口，以便清洗，保证饮水卫生。饮水槽高度以羊方便饮水为宜。也可将自动饮水器设置在羊舍饲槽上方，使羊抬头就能饮水。

二、饲槽和草料架

（一）饲槽

饲槽用于舍饲或补饲。饲槽可以分为移动式、悬挂式和固定式 3 种。

1. 移动式饲槽

一般为长方形，用木板或铁皮制成，其两端有装卸方便的固定架，具有移动方便、存放灵活的特点。

2. 悬挂式饲槽

一般用于哺乳期羔羊的补饲，呈长方形，两端固定悬挂在羊舍补饲栏的上方。

3. 固定式饲槽

一般设置在羊舍、运动场或专门补饲栏内。由砖石、水泥制成，既可以平行排列，也可以紧靠墙壁。饲槽距地面 30~50 厘米，槽内深度 15~25 厘米，采食口的高度为 25~30 厘米，上宽下窄，槽底部呈圆形，在槽的边缘用钢筋作护栏，阻止羊只踏入槽内，可以减少饲料受到粪尿的污染，防止草料抛落浪费。以贯通型为好，设计长度以采食羊只不拥挤为准。

（二）草料架

草料架是肉羊采食饲草的设备。

羊喜欢清洁、干净的饲草，利用草料架喂羊，可以避免羊践踏饲草，减少浪费。草料架可以用钢筋或木料制成，按照固定与否，分为单面可移动式草料架和摆放在饲喂场地内的双面草料架。草料架形状有直角三角形、等腰三角形、梯形和长方形等。

草料架隔栏的间距为 9~10 厘米，若其间距为 15~20 厘米时，羊的头部可以伸入隔栏内采食。头伸进去后退回发生困难，羊只被卡死，造成损失。有的草料架底部有用铁皮制成的饲槽，可以撒入精饲料和畜牧盐（大粒盐）或放入盐砖。

三、干草房和青贮设备

（一）干草房

肉羊场必须配备适量的干草房或堆草圈用于储存干草。按照每只羊储存 150~200 千克青干草，根据肉羊场饲养的羊只数量来设计干草房的数量和房间的大小。

（二）青贮设备

青贮设备主要包括青贮塔、青贮窖和青贮壕 3 种，也有部分养羊户用青贮袋制作青贮饲料。青贮设施的形状和大小按照羊只数量、饲养方式来确定。

1. 青贮塔

青贮塔分为全塔式和半塔式两种。全塔式直径 4~6 米，高 6~16 米；半塔式埋在地下深度 3~3.5 米，地上部分 4~10 米。建造方法一般用砖或石头砌成。内壁用水泥抹平，底部呈锅底形。塔壁要求有足够的强度，表面光滑，不透水、不透气。青贮塔制作的青贮饲料损失较少，但建造费用高，仅限大型肉羊场使用。

2. 青贮窖

青贮窖分为地下式和半地下式两种。地下式青贮窖适用地下水位低的地区，一般要求窖底应高出地下水位 0.5~1 米。选好窖址，挖成圆形（或其他形状）坑，直径 2~3 米，深 3~4 米，窖形和大小可以调整。窖壁要求光滑、平整，防止窖壁未干而进行青贮。因其建造简单、成本低、易推广，适合于养羊户建造，但不便于机械操作。近年来普遍采用塑料薄膜垫衬窖的底部和四周，减少青贮饲料的损失。

3. 青贮壕

青贮壕的建造与青贮窖相同。近年来大型肉羊场采用地上式青贮墙代替青贮壕，用大型机具操作填压，厚塑料膜加盖，效果好，使用极方便。一般计算青贮窖塔、窖、壕的容积以 1 米^3 容积 500 千克来计算储存量。

4. 青贮袋

青贮袋采用特制塑料大袋制成，一般袋长可达 36.5 米，直径 2.7 米，使用两层帘子线增大强度、结实性。为储存方便，袋长度可以灵活剪接，国外有厚 0.2 毫米、直径 2.4 米的聚乙烯塑料膜圆筒袋。青贮袋的青贮饲料损失少、成本低，使用方便。

四、多用途栅栏

肉羊场常设置颈夹、栅栏等设备进行日常饲养管理。如采用简易木制颈夹或钢筋焊接颈夹，并用活动铁框，让羊只进入饲槽铁栏后，放下活动铁框卡住羊颈，达到固定的目的。目前肉羊场常配备一些多用途的栅栏，如活动母仔栏、活动式羔羊补饲栅等，便于日常饲养管理操作。

活动母仔栏主要用于母羊产羔或弱羊的隔离，一般采用两块木制栅板，以合页或铰链连接而成。活动母仔栏放置于羊舍角，摆成直角并固定于羊舍墙壁，围成 1.2 米×1.5 米的母仔间，供 1 只母羊及其羔羊单独用或隔离病弱羊只。

活动式羔羊补饲栅主要用作羔羊补饲栅栏或饲槽用。用多个栅栏、栅板或网栏在羊舍或补饲场靠墙处围成一个围栏，栏间设一个栅门，门的大小以大母羊不能进入、羔羊可自由出入为宜。在活动栅栏内放置补饲槽即可对羔羊进行补饲料草。

五、分群栏

肉羊场配备分群栏是为了提高劳动生产效率，大中型羊场在正常生产中要定期进行羊只鉴定、分群、防疫注射、药浴、驱虫等工作，设置分群栏可以方便日常的操作工作。分群栏可采用钢管、铁板建造成栅栏式，也可部分设置成砖墙结构；活动门使用铁框或铁板，便于灵活搬动。通道的宽度以羊体宽度为准，允许羊只自由单行，但是不能转身。通道长度视羊场规模、组群大小而定。

六、羊笼和磅秤

肉羊场配备羊笼和磅秤是用于羊只的称重。为了及时掌握肉羊饲养效果，肉羊场必须定时称重。通常可以设置地秤称量羊只体重。为方便羊只称重操作，磅秤上可装置木制或铁制的羊笼。羊笼的尺寸为长 1.4 米、宽 0.6 米、高 1.0 米，呈长方形，两端有活动门开关，供羊只进出。羊笼最好与分群栏结合配置，用时可放置分群栏长通道处，使用更方便。

七、药浴池

肉羊养殖场为了防治疥癣及其他寄生虫病，每年要定期给羊群药浴。药浴池分为大型药浴池和小型药浴池两种。

（一）大型药浴池

大型药浴池多为固定式浴池，可供大型羊场或羊群集中的乡村设置。大型药浴池采用水泥、砖、石等材料砌成。形状呈长方形，长 10~12 米，池底宽 0.4~0.6 米，池顶宽 0.6~0.8 米，池深 1~1.2 米。入口处设漏斗形围栏，池入口一端是陡坡，使羊很快滑入池中，出口一端为倾斜度小的斜坡或台阶，便于羊只走上台阶，并设置滴流台。

（二）小型药浴池

小型药浴池分为小型浴桶或帆布药池。帆布药池采用挖地下土坑、再放帆布固定的方法。土坑深1.2米，宽0.7米，上长3米，下长2米，呈直角梯形。根据土坑的规格加工一个帆布袋放入土坑，上端周边用套环固定于铁钉或木桩即成。帆布药池体积小，轻便灵活，具有可清洗、晾晒、可移动重复使用的特点，适合小型羊场和肉羊养殖户使用。

八、机械设备

饲养肉羊要达到优质、高效、规模化，配置必要的养羊机械，方可提高劳动效率、降低生产成本。

（一）切草机

切草机分为小型、中型、大型3种。小型切草机适合养羊户采用，用于切短麦秸、稻草和青草、干草类饲草。中、大型切草机又叫青贮饲料切草机。按照切割部件不同，分为滚刀式切草机、圆盘式切草机两种。

（二）饲料粉碎机

常用的饲料粉碎机分为锤片式和齿抓式粉碎机两种。

（三）颗粒饲料机

颗粒饲料机把粉状饲料按照比例配合，经机器压制，形成柱状，经刀片切割成颗粒。羊场多采用，也便于储存运输，饲料营养成分全面，分布均匀，减少浪费。我国颗粒饲料机种类多，一般分成齿轮圆柱孔式、螺旋式、立轴平模式、卧轴环模式。

第三节　羊场环境控制技术

羊场环境是指影响羊生活的各种因素的总和，包括空气、土壤、水、动物、植物、微生物等自然环境，羊舍及设备、饲养管理、选育、防疫等人为环境。环境控制是羊场生产管理的关键环节，主要包括自然环境和人为环境的控制，给羊提供舒适、清洁、卫生、安全的环境，使其发挥最大的生产性能。

一、羊场环境对肉羊的影响

（一）温度

温度是肉羊的主要外界环境因素之一，羊的产肉性能只有在一定的温度条件下才能充分发挥遗传潜力。温度过高或过低，都会使产肉水平下降，甚至使羊的健康和生命受到影响。温度过高超过一定界限时，羊的采食量随之下降，甚至停止采食；温度太低，羊吃进去的饲料全被用于维持体温，没有生长发育的余力。一般情况下羊舍适宜温度范围为 5~21 ℃，最适温度范围为 10~15 ℃；一般冬季产羔舍舍温应不低于 8 ℃，其他羊舍应不低于 0 ℃；夏季舍温不超过 30 ℃。

（二）湿度

空气相对湿度的大小，直接影响着肉羊体热的散发，潮湿的环境有利于微生物的发育和繁殖，使羊易患疥癣、湿疹及腐蹄等病。羊在高温、高湿的环境中，散热困难，往往引起体温升高、皮肤充血、呼吸困难，中枢神经因受体内高温的影响，机能失调最后致死。在低温、高湿的条件下，羊易患感冒、神经痛、关节炎和肌肉炎等各种疾病。对羊来说，较干燥的空气环境对健康有利。羊舍应保持干燥，地面不能太潮湿。舍内的适宜相对湿度以50%~70%为宜，不应超过 80%。

（三）光照

光照对肉羊的生理机能，特别是繁殖机能具有重要调节作用，而且对育肥也有一定影响。羊舍要求光照充足，一般来说，

适当降低光照强度，可使增重提高 3%～5%，饲料转化率提高
4%。采光系数一般为成年羊 1：（15～25），高产羊 1：（10～
12），羔羊 1：（15～20）。

（四）气流

气流对羊有间接影响，在炎热的夏季，气流有利于对流散热
和蒸发散热，对育肥有良好作用，此时，应适当提高舍内空气流
动速度，加大通风量，必要时可辅以机械通风。冬季气流会增强
羊体的散热量，加剧寒冷的影响。在寒冷的环境中，气流使羊能
量消耗增多，进而影响育肥速度。而且年龄愈小所受影响愈严
重。不过，即使在寒冷季节舍内仍应保持适当的通风，有利于将
污浊气体排出舍外。羊舍冬季以 0.1～0.2 米/秒为宜，最高不超
过 0.25 米/秒；夏季则应尽量使气流保持在 0.25～1 米/秒。

（五）空气中的灰尘

羊舍的灰尘主要由打扫地面、分发干草和粉干料、翻动垫草
等产生。灰尘对羊体的健康有直接影响。另外，灰尘降落在眼结
膜上，会引起灰尘性结膜炎。空气中的灰尘被吸入呼吸道，使鼻
腔、气管、支气管受到机械性刺激。

（六）微生物

羊在咳嗽、喷嚏、鸣叫时喷出来的飞沫，使微生物得以附着
并生存。带有病原微生物的飞沫附着灰尘，分别形成灰尘感染和
飞沫感染，在畜舍内主要是飞沫感染。在封闭式的羊舍内，飞沫
可以散布到各个角落，使每只羊都有可能受到感染。因此，必须
做好舍内消毒，避免粉尘飞扬，保持圈舍通风换气，预防疫病
发生。

（七）有害气体

舍内有害气体增加，严重时危害羊群健康，其中，危害最大
的气体是氨气和硫化氢。氨气主要由含氮有机物（如粪、尿、垫

草、饲料等）分解产生；硫化氢是由于羊采食富含蛋白质的饲料后，导致消化机能紊乱由肠道排出。其次是一氧化碳和二氧化碳。为了消除有害气体，要及时消除粪尿，并勤换垫草，还要注意合理换气，将有害气体及时排出舍外。羊舍内氨气含量应不超过 20 毫克/米^3，硫化氢含量不超过 8 毫克/米^3，二氧化碳含量不超过 1 500 毫克/米^3，恶臭稀释倍数不低于 70。

二、羊场环境控制关键环节

（一）合理绿化

羊舍周围的环境绿化有利于羊的生长和环境保护。大部分绿色植物可以吸收羊群排出的二氧化碳，有些还可以吸收氨气和硫化氢等有害气体，部分植物对铅、镉、汞等也有一定的吸收能力。有研究证明，植物除了吸收上述气体外，还可以吸附空气中灰尘、粉尘，甚至有些植物还有杀菌作用，做好羊场绿化可以使羊舍空气中的细菌大量减少。另外，羊场的绿化还可以减轻噪声污染、调节场内温度和湿度、改善区内小气候、减少太阳直射和维持羊舍气温恒定等诸多作用。

（二）净化和保护水源

饮用水的质量对于羊的健康极为重要，饮用水的水源应该清洁安全无污染。井水水源周围 30 米、江河取水点周围 20 米、湖泊等水源周围 30~50 米内不得建粪池、污水坑和垃圾堆等污染源。羊舍与井水源也应保持至少 30 米的距离。另外，还要对水源进行检测，使其符合国家规定的相关肉羊生产饮用水标准，水源水质不符合要求的应该进行净化和消毒处理。水中泥沙、悬浮物、微生物等应先进行沉淀处理，使水中的悬浮物和微生物含量下降。然后对沉淀后的水再进行消毒处理，大型肉羊场集中供水时可采取液氯进行消毒，小型肉羊场集中或分散式供水可用漂白粉等消毒。

（三）保护草地与提高饲草质量

放牧地和饲草对于养羊至关重要，保护好草地、饲喂清洁饲料可以有效地防控羊疾病。因此，羊场草地的肥料应该以优质的有机肥为主，灌溉用水也应清洁无污染。在防治牧草病虫害时也应选择高效、低毒和低残留的化学药物或生物药物。当利用人畜的粪尿作肥料时，应先用生物发酵法进行无害化处理。当局部草地被病羊的排泄物、分泌物或尸体污染后，可以用含有效氯2.5%的漂白粉溶液、4%的甲醛或10%的氢氧化钠等消毒液喷洒消毒。对于舍饲羊，重点是羊舍的消毒和饲草的控制，严禁饲喂被污染的草料。

第二章 肉羊品种的选择

第一节 肉羊养殖主要品种

一、肉用绵羊品种

(一) 大尾寒羊

大尾寒羊原产于河北南部的邯郸、邢台以及沧州的部分县市，山东聊城的临清、冠县、高唐以及河南平顶山的郏县等地。

大尾寒羊头部稍长，鼻梁隆起，耳大下垂，公、母羊均无角。颈细、稍长，前躯发育欠佳，后躯发育良好，尻部倾斜，乳房发育良好。尾巴大而且肥厚，长过跗骨，有的接近或拖及地面。毛色为白色。

成年公羊体重约为 72 千克，成年母羊体重约为 52 千克。尾巴重量可占到体重的 1/5 左右。种公羊的屠宰率约为 54.21%，净肉率约为 45.11%，尾脂重约为 7.8 千克。

大尾寒羊的性成熟早，公羊为 6~8 月龄，母羊为 5~7 月龄。公羊的初配在 1.5~2 岁，母羊初配年龄为 10~12 月龄。全年发情，可以一年两产或两年三产。产羔率达 185%~205%。

(二) 小尾寒羊

小尾寒羊原产于河南的新乡、开封，山东的菏泽、济宁，以及河北南部、江苏北部和淮北地区等地。

小尾寒羊四肢较长，体躯高大，前后躯都很发达。脂尾短，一般在跗骨以上。公羊有角，呈螺旋状；母羊半数有角，角小。头、颈较长，鼻梁隆起，耳大下垂。被毛呈白色，少数羊头部以及四肢有黑褐色斑点、斑块。

小尾寒羊成年公羊体重平均为94.1千克，成年母羊体重平均为48.7千克；3月龄公、母羔羊平均断奶重分别达到20.8千克和17.2千克。3月龄羔羊平均胴体重8.49千克，净肉率为39.21%；周岁公羊平均胴体重40.48千克，净肉重33.41千克，屠宰率和净肉率分别为55.60%和45.89%。

小尾寒羊性成熟早，母羊5~6月龄发情，公羊在7~8月龄可以配种。母羊全年发情，可以一年两产或两年三产，产羔率平均为261%。

（三）同羊

同羊原产于陕西渭南、咸阳的北部各县，延安的南部，在秦岭山区也有少量分布。

同羊全身被毛呈纯白色，公、母羊均无角，部分公羊有栗状角痕，颈长，部分个体颈下有一对肉垂。体躯略显前低后高，鬐甲较窄，胸部较宽而深，肋骨开张良好。公羊背部稍凹，母羊短直且较宽。腹部圆大。尻部倾斜而短，母羊较公羊稍长而宽。尾的形状不一，但多有尾沟和尾尖，90%以上的个体为短脂尾。

同羊成年公羊体重平均为39.57千克，成年母羊体重平均为37.15千克。屠宰率公羊为47.1%，母羊为41.7%。母羊一般一年一产、每胎产一羔。

（四）乌珠穆沁羊

乌珠穆沁羊原产于内蒙古锡林郭勒盟东北部的东乌珠穆沁旗和西乌珠穆沁旗，以及毗邻的阿巴哈纳尔旗、阿巴嘎旗部分地区。

乌珠穆沁羊体格高大，体躯长，背腰宽，肌肉丰满，全身骨骼结实，结构匀称。鼻梁隆起，额稍宽，耳朵大而下垂或半下垂。公羊多数有角，呈半螺旋状；母羊多数无角。脂尾厚而肥大，呈椭圆形。尾的正中线出现纵沟，使脂尾被分成左右两半。毛色混杂，全白者占 10.4%；体躯白色、头颈为黑色者占62.1%；体躯杂色者占 27.5%。

乌珠穆沁羊生长发育快，4 月龄公、母羔羊体重分别为 33.9千克和 32.1 千克。成年公羊体重 74.43 千克，成年母羊体重58.4 千克。屠宰率平均为 51.4%，净肉率为 45.64%。母羊一年一产，产羔率平均为 100.2%。

（五）萨福克羊

萨福克羊原产于英格兰东南部的萨福克、诺福克、剑桥和艾塞克斯等地。萨福克羊是以南丘羊为父本，以当地体形大、瘦肉率高的黑脸有角诺福克羊为母本杂交培育而成，是 19 世纪初期培育出来的品种。

萨福克羊无论公羊、母羊，都无角，颈短粗，胸宽深，背腰平直，后躯发育丰满。成年羊头部、耳朵、四肢为黑色，被毛有有色纤维；四肢粗壮结实。

本品种具有性早熟、生长发育快、产肉性能好、母羊母性好的特点。成年公羊体重 100～110 千克，成年母羊体重 60～70 千克。3 月龄羔羊胴体重可达 17 千克，肉质细嫩，脂肪少。产羔率 130%～140%。因为具有性早熟、产肉性能好的特点，在美国被用作肥羔羊生产的终端产品。

（六）无角陶赛特羊

无角陶赛特羊原产于大洋洲的澳大利亚和新西兰。是以考力代羊为父本、雷兰羊和有角陶赛特羊为母本，然后再用有角陶赛特公羊回交，选择后代无角的羊培育而成。

本品种的羊，无论公母均无角，颈短粗，胸宽深，背腰平直，躯体呈圆筒形，四肢短粗，后躯丰满。面部、四肢、蹄部、被毛均呈白色。

成年公羊体重 90~100 千克，成年母羊体重 55~65 千克。胴体品质和产肉性能好。产羔率在 130% 左右。该品种具有性早熟、生长发育快、全年发情、耐粗饲、能适应干燥气候的特点，在澳大利亚可作为生产大型羔羊的父系。

（七）德国肉用美利奴羊

德国肉用美利奴羊原产于德国，主要分布于萨克森州农区，是由泊列考斯和英国莱斯特公羊与德国原产地的美利奴母羊杂交培育而成。

德国肉用美利奴羊，无论公母都无角，颈部和体躯都没有皱褶。体格大，胸宽深，背腰平直，肌肉丰满，后躯发育良好。被毛呈白色，毛密且长，弯曲明显。

成年公羊体重 100~140 千克，成年母羊体重 70~80 千克。羔羊生长发育快，日增重 300~350 克，130 日龄屠宰前活重可达 38~45 千克，胴体重 18~22 千克，屠宰率为 47%~49%。繁殖力强，性早熟，产羔率达 150%~250%。

（八）夏洛莱羊

夏洛莱羊原产于法国中部的夏洛莱丘陵和谷地。它是以英国莱斯特羊为父本、法国当地的细毛羊为母本杂交而成。在 1974 年才正式得到法国农业部的承认，并定为品种。

本品种羊体形大，胸宽深，背腰平直，后躯发育良好，肌肉丰满。被毛白色而短细，头部无毛或有少量粗毛，四肢下部无细毛。皮肤呈粉红色或灰色。

成年公羊体重 110~140 千克，成年母羊体重 80~100 千克；周岁公羊 70~90 千克，周岁母羊 50~70 千克；4 月龄育肥羔羊

35~45 千克。屠宰率为 50%。4~6 月龄羔羊胴体重 20~23 千克，胴体质量好，瘦肉多，脂肪少。产羔率在 180% 以上。

夏洛莱羊具有性早熟、耐粗饲、采食能力强、对寒冷潮湿或干热气候适应性良好的特性，是生产肥羔的优良品种。在 20 世纪 80 年代引入我国，并开始与我国当地的粗毛羊杂交生产羔羊肉。

(九) 德克塞尔羊

德克塞尔羊原产于荷兰德克塞尔岛，在 18 世纪经过改良杂交，于 19 世纪初期育成了德克塞尔羊品种。

德克塞尔羊光脸、脸宽，光腿、腿短，黑鼻子，短耳朵，部分羊耳部有黑斑，体形较宽，被毛呈白色。

成年公羊体重 100~120 千克，成年母羊体重 70~80 千克。在 7 月龄左右母羊性成熟，产羔率高，初产母羊的产羔率在 130%，二胎产羔率在 170%，三胎产羔率在 195%。母性好，泌乳性能好，羔羊生长发育快，双羔羊日增重可达 250 克，12 周龄断奶，断奶重平均在 25 千克。24 周龄屠宰前体重平均为 44 千克。

(十) 杜泊羊

杜泊羊原产地在南非，是由有角陶赛特公羊与黑头波斯母羊杂交培育而成。

杜泊羊属于粗毛羊，有黑头和白头两种，大部分无角，被毛呈白色，可以季节性脱毛，尾巴短瘦。体形大，外观呈圆筒状，胸宽深，后躯丰满，四肢结实粗壮。

成年公羊体重 90~120 千克，成年母羊体重 60~80 千克。在南非，羔羊在 105~120 日龄时，体重可达 36 千克，胴体重可达 16 千克。母羊常年发情，可以达到两年三产，繁殖率为 150%，母羊的泌乳性能好。杜泊羊的适应性很强，耐粗饲。

（十一）罗姆尼羊（肯特羊）

罗姆尼羊原产于英国东南部的肯特郡，所以也有肯特羊之称。这个品种是以莱斯特公羊为父本，以体格较大而粗糙的本地母羊为母本，经过长期的选择和培育而成。

罗姆尼羊体质结实，公羊、母羊都没有角，额、颈短，体躯宽深，背部较长，前躯和胸部丰满，后躯发达，腿短骨细，肉用体形好。被毛呈毛丛、毛辫结构，白色，光泽好；羊毛中等弯曲，均匀度好。蹄部为黑色，鼻子和唇部为暗色，耳以及四肢下部皮肤有色素斑点和小黑点。

成年公羊体重 100～120 千克，成年母羊体重 60～80 千克。产羔率在 120%左右。成年公羊胴体重 70 千克，成年母羊胴体重 40 千克。4 月龄羔羊育肥的胴体重，公羔为 22.4 千克，母羔为 20.6 千克，屠宰率在 55%左右。

我国早在 20 世纪 60 年代中期，就从英国、新西兰、澳大利亚分别引入千余只罗姆尼羊，分布在山东、江苏、四川、河北、云南、甘肃、内蒙古等地。在东部沿海及四川等地适应性较好，特别是在沿海地区表现好，在良好的饲养条件下能充分发挥其优良特性。用罗姆尼羊改良地方品种，后代的肉用体形好，羊毛品质也得到了改善。

（十二）考力代羊

考力代羊原产于新西兰，是以英国长毛林肯羊和莱斯特羊为父本、美利奴羊为母本杂交培育而成。

这个品种的羊，头部宽，但是不大，额上有毛。公、母羊均无角，颈短而宽，背腰宽平，肌肉丰满。后躯发育良好，四肢结实、长度中等，全身被毛呈白色，腹部羊毛着生良好。

成年公羊体重 100～105 千克，成年母羊体重 45～65 千克。产羔率达 110%～130%。成年羊屠宰率可达 52%。

（十三）林肯羊

林肯羊原产于英国林肯郡，是由莱斯特公羊改良当地原种林肯羊，经过长期选育而成。

林肯羊体质结实，体躯高大，结构匀称，头长颈短，公、母羊均无角，前额有毛丛下垂，背腰平直，腰臀宽广，肋骨开张良好，四肢较短而端正，被毛呈毛瓣结构，羊毛有丝光光泽，全身被毛呈白色，脸、耳、四肢偶尔有小黑点。

成年公羊体重 120~140 千克，成年母羊体重 70~90 千克。产羔率为 120%。成年公羊胴体平均重 82 千克，成年母羊为 51 千克。4 月龄育肥羔羊胴体重，公羔为 22 千克，母羔为 20.5 千克。

（十四）边区莱斯特羊

边区莱斯特羊原产于英国北部苏格兰，是由莱斯特公羊与当地雪伏特品种的母羊杂交培育而成，1860 年为了与莱斯特羊相区别，被称为边区莱斯特羊。

边区莱斯特羊体质结实，体型结构良好，体躯长，背部宽平。公、母羊均无角，鼻梁隆起，两耳竖立，头部和四肢无羊毛覆盖。

成年公羊体重 90~140 千克，成年母羊体重 60~80 千克。产羔率为 150%~200%。早熟性好，4~5 月龄羔羊的胴体重可达 20~22 千克。

（十五）波德代羊

波德代羊原产于新西兰，是在新西兰南岛由边区莱斯特公羊与考力代母羊杂交，杂交一代横交固定至四、五代培育而成的肉毛兼用绵羊品种。自 20 世纪 70 年代以来进一步横交固定，以巩固其品种特性，1977 年在新西兰建立了种畜记录簿。

波德代羊公、母均无角。耳朵直而平伸，脸部被毛覆盖至两眼连线，四肢下部无被毛覆盖。背腰平直，肋骨开张良好。眼睑、鼻端有黑斑，蹄部呈黑色。

波德代羊成年公羊平均体重 90 千克，成年母羊平均体重 60~70 千克。繁殖率为 140%~150%，最高达 180%。波德代羊适应性强、耐干旱、耐粗饲，羔羊成活率高。

二、肉用山羊品种

（一）槐山羊

槐山羊的中心产区在河南周口地区的沈丘、淮阳、项城、郸城等地。在京广路以东、陇海路以南、津浦铁路以西、淮河以北的平原农区均有分布。

槐山羊体格中等，分为有角和无角两种类型。公、母羊均有髯，身体结构匀称，呈圆筒形。毛色以白色为主，占 90% 左右；黑、青、花色共计占 10% 左右。有角槐山羊具有颈短、腿短、身腰短的特征；无角槐山羊则有颈长、腿长、身腰长的特点。

槐山羊成年公羊体重约 35 千克，成年母羊体重约 26 千克。羔羊生长发育快，9 月龄体重达到成年体重的 90%。7~10 月龄羯羊平均宰前活重约 21.93 千克，胴体重约 10.92 千克，净肉重约 8.89 千克，屠宰率 49.8%，净肉率 40.5%。槐山羊是发展山羊肥羔生产的好品种。

槐山羊繁殖能力强，性成熟早，母羊为 3 个多月龄，一般 6 月龄即可配种，全年发情。母羊一年两产或两年三产，每胎多羔，产羔率平均在 249%。

（二）马头山羊

马头山羊原产于湖北的郧阳、恩施和湖南的常德、黔阳，以及湘西土家族苗族自治州各县。

马头山羊体格大，公、母羊均无角，两耳向前略下垂，有觜，头颈结合良好。胸部发达，体躯呈长方形。被毛以白色为主，毛短，在颈、下颌、后腿部以及腹侧有较长粗毛。

成年公羊体重平均为 44 千克，成年母羊体重平均为 34 千克。马头山羊羔羊生长发育快，可作肥羔生产。2 月龄断奶的羯羊在放牧和补饲条件下，7 月龄时体重可达 23.31 千克，胴体重 10.53 千克，屠宰率 52.34%。成年羯羊屠宰率在 60% 左右。

马头山羊性成熟早，一般为 4~5 月龄，初配年龄为 9 月龄。母羊全年发情，以 3—4 月和 9—10 月为发情旺季。一年两产或两年三产，多产双羔，产羔率在 200% 左右。

(三) 牛腿山羊

牛腿山羊原产于河南的鲁山县。

牛腿山羊为长毛型白山羊，体形较大，体质结实，结构匀称，骨骼粗壮，肌肉丰满，侧视呈长方形，正视近乎圆筒形。头短额宽，公、母羊多数有角，以倒八旋形为主。颈短而粗，肩颈结合良好，胸宽深，肋骨开张良好，背腰平宽，腹部紧凑，后躯丰满，四肢粗壮，姿势端正。

牛腿山羊成年公羊体重平均为 46.1 千克，成年母羊体重平均为 33.7 千克；周岁公、母羊体重分别为 23 千克和 20.6 千克。周岁羯羊屠宰率为 46.2%，成年羯羊屠宰率为 49.96%。牛腿山羊板皮质量好，板皮面积大而厚实，整张均匀度良好，是制革业的上等原料。

牛腿山羊性成熟早，一般为 3~4 月龄。母羊全年发情，以春、秋两季旺盛。母羊初配年龄为 5~7 月龄，一般可以一年两胎或两年三胎，产羔率平均为 111%。

(四) 南江黄羊

南江黄羊原产于四川的南江县，是采用多品种复合杂交，并经过多年选择和培育而形成的品种，是适于山区放养的肉用型山羊新品种。

南江黄羊具有典型的肉用羊体形。体格较大，背腰平直，后躯丰满，体躯呈圆筒形。大多数公、母羊有角，头部较大，颈部较粗。被毛呈黄褐色，面部多呈黑色，鼻梁两侧有一条浅黄色条纹，从头顶部到尾根沿着脊背有一条宽窄不等的黑色毛带，前胸、颈、肩和四肢上端着生黑而长的粗毛。

南江黄羊成年公羊体重平均为 59.3 千克，成年母羊体重平均为 44.7 千克；周岁公、母羊体重分别平均为 32.9 千克和 28.8 千克。南江黄羊产肉率高，在放牧且无任何补饲的条件下，6 月龄体重为 21 千克，屠宰率为 47%；周岁体重为 25.9 千克，屠宰率为 48.6%；成年羯羊体重为 54.1 千克，屠宰率为 55.7%。肉质细嫩，蛋白质含量高，膻味小。

南江黄羊性成熟早，母羊 6 月龄即可配种，终年发情，可以一年两产，平均产羔率为 207.8%。

（五）承德无角山羊

承德无角山羊俗称"秃羊"。原产地在河北的承德，产区属于燕山山脉的冀北地区，故又名燕山无角山羊，是承德地区特有的肉、皮、绒兼用的山羊品种。

承德无角山羊体质健壮，结构匀称，肌肉丰满，体躯宽广，侧视呈长圆形。公羊颈部略短而宽，母羊颈部略扁而长，颈、肩、胸结合良好，背腰平直，四肢强健，蹄质坚实。

无论公、母羊均无角，但有角痕。头大小适中，额宽、颈粗、胸阔，耳宽大略向前伸，额上有旋毛，颔下有髯，毛长绒密，体大健壮，产肉性能好，性情温顺，因为头上无角，故对林木破坏性小，深受牧民喜爱，被誉为"森林之友"。被毛有黑色、白色及黑白色混合 3 种，以黑色为主，约占群体的 70%；其次为全白色，也称为"白无角"。承德各县均有饲养，以滦平县、平泉市、宽城县、兴隆县居多，目前总数达 30×10^4 只。2004 年被中国畜禽品种审定委员会认定为国内山羊品种的优良基因，编入中国种畜禽育种成果大全，已向全国推广。

承德无角山羊周岁公、母羊体重分别平均为 32 千克和 27 千克。成年公羊的屠宰率为 53.4%，成年母羊的屠宰率为 43.4%，羯羊的屠宰率为 50%。肉质细嫩，脂肪分布均匀，膻味小。除了产肉外，还可以产绒，公羊平均产绒 240 克，母羊平均产绒 110 克。性成熟早，公羊初配年龄为 1.5 岁，母羊为 1 岁。一般一年一产，产羔率为 110%。

由于育成地区的自然条件和粗放的饲养管理，承德无角山羊的四肢发育和生产性能未能得到充分发挥，其后躯发育略显不足。改善饲养管理条件，是今后提高该品种肉用性能和经济效益的主要措施。

(六) 波尔山羊

波尔山羊原产于南非，是目前世界上最著名的肉用型山羊品种。由南非的土种山羊与印度以及欧洲的奶山羊杂交培育而成。改良型波尔山羊的培育开始于 1930 年，1959 年成立波尔山羊育种协会后，经过不断选育，形成了目前优秀的肉用型波尔山羊品种。

波尔山羊被毛主体为白色，光泽好；头部、颈部为棕红色，且头部有条白色毛带。角粗大，耳大下垂。体形大，四肢发育良好，肉用体形特征明显，体躯呈长方形，各部位连接良好。

波尔山羊具有较高的产肉性能和良好的胴体品质，早熟易肥。在良好的饲养条件下，羔羊日增重在 200 克以上。3~5 月龄羔羊重 22.1~36.5 千克；9 月龄公羊体重 50~70 千克，母羊体重 50~60 千克。成年公羊体重 90 千克，成年母羊体重 50~75 千克。羊肉脂肪含量适中，胴体质量好。平均体重 41 千克的羊，

屠宰率为52.4%，没有去势的公羊可达56.2%。羔羊平均胴体重
15.6千克。波尔山羊四季发情，但多集中在秋季，产羔率为
150%~190%。波尔山羊泌乳能力强，每天约产奶2.5升。

波尔山羊已经被世界上许多国家引进，用于改良和提高当地
山羊的产肉性能。与普通低产山羊杂交，其后代的生长速度比母
本提高1倍以上。我国自1995年由陕西、江苏等省首次引入，
现在已经有20多个地区引入进行纯种繁殖或以其为父本进行杂
交改良，其后代的生长速度和产肉性能提高十分明显。

第二节　肉羊品种的杂交利用

杂交是指不同品种间、不同品系间的杂交。不同品种的羊杂
交产生的后代往往比亲本具有更大的生活力和生长强度，表现在
抗逆性、繁殖力、生长速度、生理活动、产品产量、产品品质、
寿命长短和适应能力等各个性状方面。杂交是提高肉羊生产性能
的一个主要技术手段，但亲本选育和选择是保证杂交效果的重要
保证。

一、肉羊的引种

我国肉用绵、山羊品种资源十分丰富。随着养羊业的发展，
从异地引入优良羊种越来越多。国内良种羊调运、交流也日益频
繁，这对养羊业的发展起了很大作用。

（一）品种选择

在引种前要根据当地农业生产、饲草饲料、地理位置等因素
加以分析，认真对比供种地区与引入地区的生态、经济条件的异
同，有针对性地考察品种羊的特性及对当地的适应性，进而确定
引进什么品种，是山羊还是绵羊。

我国国土面积广阔，不同地区引进品种有很大不同。北方草原面积较大，气候寒冷，以饲养毛用、绒用的绵羊为主；黄河中下游地区则适合小尾寒羊、奶羊和多种类型的羊群生长；淮河以南地区高温多雨，则适于山羊饲养。如果北方引进山羊则难以越冬，南方引进绵羊、绒山羊则难以越夏。生长在宁夏的滩羊向北方和南方引进，均丧失原有的特性。因此，农户应结合自己所处的地理位置、环境条件确定引入羊的品种，根据圈舍、设备、设施、技术水平和财力等情况确定引进羊只数量，做到既有钱买羊，又有钱养羊。

不同品种的羊有各自的特点。引种目的是引进优良基因，改良和提高原有品种的生产性能或改变原有品种的生产方向，使其创造更高的经济价值。例如，在引进良种肉羊时，必须考虑肉羊的性成熟期、生长发育速度、体重、屠宰率、净肉率、羊肉品质以及繁殖性能等。引进绒山羊时，则必须考虑羊绒长度、细度、产绒量等生产性能。

（二）引种时间

从引种季节来说，气候较为适宜的季节是春、秋季，最好不在夏季引种，7—8月天气炎热、多雨，不利于远距离运输。如果引种距离较近，不超过1天的时间，可不考虑引种的季节，一年四季均可进行。从引种用途来说，快速育肥羊一般周期为4~5个月，可以在每年的春季引种，秋季出栏；秋季引种，春季前后上市。从繁殖季节来说，引种的时间最好在秋末冬初，羊群发情高峰季节来临时。

羊群要达到体成熟、性成熟，翌年春季产羔。为了使引入羊只在生活环境上的变化不至过于突然，使机体有一个逐步适应的过程，在调运时间上应考虑两地之间的季节差异。如由温暖地区向寒冷地区引种羊，应选择夏季为宜，由寒冷地区向温暖地区引种应以冬季为宜。

(三) 羊群的选择

羊群的选择需要采用群体观察、个体挑选、选后标记、申报检疫 4 个步骤。

1. 群体观察

首先对大群羊进行静态观察，主要观察精神、外貌、营养、肢势、呼吸、反刍状态。然后进行动态观察，观察羊群运动时头、颈、腰、背、四肢的状态。观察采食、咀嚼、吞咽时的反应，同时观察排粪时的姿势及粪便的颜色、气味等。

2. 个体挑选

对每一只羊进行精挑细选。优良个体应具备该品种的特征，如体型外貌、生产方向、生产特征、适应性，身体不应有其他缺陷。体况、背腰是否平直、四肢是否端正、蹄色是否正常及整体结构等。对引入品种来说，选择的个体是品种群中生产性能较高者，各项生产指标高于群体平均值，如剪毛量、毛长、体尺、体重、生长发育速度、产肉性能、板皮质量等。选择的个体还应无任何传染病，体质健壮，正常无受阻现象，四肢运动正常，精神饱满，颜面清秀，两眼有神，行动敏捷，体温 38 ~ 39 ℃，食欲旺盛，粪便呈豆状，被毛光亮，皮肤有弹性，鼻孔、嘴唇周围干净。母羊注意乳头整齐，发育良好，体高、体长适中。公羊注意睾丸大小正常，无隐睾、单睾现象，有雄性特征。对于本身生产性能好的个体还要看父、母、祖父、祖母的生产成绩，特别是父、母的生产成绩。挑选时检查的项目主要有口腔黏膜、嘴唇、鼻面、眼圈、耳根部、四肢皮肤、蹄叉、蹄冠、胸腹部无毛或少毛处，乳房周围与尾根无毛处等有无溃疡、水疱、脓疱、疹块、结痂、龟裂，眼及眼结膜是否充血、潮红、苍白、发黄、发绀、畏光流泪，鼻腔有无鼻液，粪水是否污染后躯，睾丸、外阴、乳房等器官是否发育不良。

要通过牙齿判断引进羊的年龄。幼年羊的牙齿颜色洁白,较小;成年羊的牙齿颜色发黄,较大。以牙齿鉴定羊的年龄主要看羊的下颚4对门齿,中间的一对切齿,切齿两侧的为内中齿,向外的为外中齿,最外的一对隅齿。羊在1岁半时,乳切齿换成永久切齿;2~2.5岁中齿脱换;3岁外中齿脱换;4岁隅齿脱换;5岁以后可根据齿间缝隙的大小、齿的磨损程度和齿的状况来判定;6岁以上齿龈凹陷,牙齿向前斜出,齿冠变狭小;7~9岁牙根活动并陆续脱落。

3. 选后标记

对于选定的羊只,可用塑料耳标、高锰酸钾溶液或喷漆等做好标记。挑选的种羊还应有种羊系谱卡片,详细记录羊只的系谱。

4. 申报检疫

选好种羊后,必须到当地畜牧部门申报对羊群进行检疫,经检疫人员检疫后开具产地检疫证、出县境动物检疫合格证、非疫区证明、车辆消毒证明。获得证明后应核对证明的完整性和有效性,做到证物一致,填写规范,书写标准。

(四)羊群安全运输

为了使引入羊只在生活环境上的变化不致过于突然,使机体有一个逐步适应的过程,在启运时间上要根据季节而定,尽量减少途中不利的气候因素对羊造成影响。如夏季运输应选择在夜间行驶,防止日晒。冬季运输应选择在白天行驶。一般春、秋两季是运输羊比较好的季节。

一般短距离运输(不超过6小时),途中不喂草料也可以,但要有水喝,运输前要准备好饮水盆、提水桶等。长距离运输,特别是火车运输时一定要准备好草(一般为青干草,鲜草因途中易发热变质，羊不能采食）以及途中喂羊用的捆草绳、饲料、饲槽、水缸、水桶、饮水槽或饮水盆等。饲草的用量依运输距离、估计途中运输天数而定。饲草要用木栏和羊隔开，以防羊踩踏污染。

（五）隔离后合群

羊只引入后应隔离饲养 20 ~ 30 天，此期间应观察和检疫，确认健康后方可合群饲养。对于新培育品种或国外引进品种，要认真查阅资料，评价适应性，可适当少量试引以观察适应性。如果适应性较好，可以大批量引入推广。

可以通过下列途径，进行适应性锻炼，使羊逐渐适应当地的生态条件、放牧条件、饲养管理条件，提高抗病能力。

（1）改变饲养管理条件，创造适宜引入品种的环境条件，达到平稳过渡到适应的目的。

（2）加强对引入品种个体的适应性锻炼，使引入个体本身在新的环境条件下直接适应。

（3）加强选育，定向改变遗传基础，保持生产性能不减或有提高。

二、杂交利用的方法

杂交主要有经济杂交、育成杂交、导入杂交和轮回杂交。

（一）经济杂交

经济杂交主要是利用两个或两个以上的品种杂交生产的杂种优势，即利用杂种后代所具有的生活力强、生长速度快、饲料报酬高、生产性能高的优势。应用经济杂交最广泛、效益最好的是肉羊的商业化生产，尤其是大规模肥羔生产常用的杂交方法。经济杂交的主要目的是生产肥羔，选择的品种要求母羊繁殖力强、羔羊生长发育快、饲料报酬高和羔羊品质优良。经济杂交效果的好坏，必须通过不同品种之间的杂交组合试验，以期获得最大杂种优势的组合为最佳组合，这是最终取得最好经济效益的关键。只有良种良养、优生优育才能使杂种所具有的遗传潜力得到最大程度表现。

实践证明，用 2 个以上品种（如 3 个或 4 个）进行多元杂交，比用两个单一品种进行经济杂交效果更好。

1. 二元杂交

二元杂交就是用两个不同的绵羊、山羊品种或品系进行杂交，所产生的杂交后代全部作经济利用，主要利用杂交一代的杂种优势。这种杂交方法的缺点是需要饲养较大数量的亲本，用于以后的继续杂交。

2. 三元杂交

三元杂交就是在二元杂交的基础上，用第三个品种或品系的公羊和第一代杂交母羊交配，产生第二代杂种（三元杂交后代），全部作经济利用。选择的第三个品种或品系（又叫终端父本），应具有生长发育快和较好的产肉性能。例如，在进行肥羔生产时，应先选择两个繁殖力强的品种或品系进行杂交，杂种后代将在繁殖性能方面产生较大的杂种优势，即杂种后代作母本和产肉性能好的第三个品种或品系的公羊杂交，就能生产更多产肉性能好、生长发育快的三元杂交后代。三元杂交主要利用杂种一代母羊的杂种优势。

3. 四元杂交

四元杂交又叫双杂交。选择 4 个各具特点的绵羊、山羊品种或品系 A、B、C、D，先进行两两之间的杂交，即 A×B 和 C×D（或 A×C 和 B×D），产生的两组杂交后代为 F_{AB} 和 F_{CD} 或 F_{AC} 和 F_{BD}，然后再用 F_{AB} 和 F_{CD} 或 F_{AC} 和 F_{BD} 进行杂交，产生"双杂交"后代 $F_{AB×CD}$ 或 $F_{AC×BD}$，全部作经济利用。

4. 级进杂交

级进杂交可以从根本上改变一个品种的生产方向，如将普通山羊改变为肉用型山羊。

引进优良纯种羊与本地普通品种羊交配，以后再将杂种母羊和同一品种公羊交配，一代一代交配下去，使其后代的生产性能接近引进品种，这种杂交方法称为级进杂交。必须注意，级进杂交并不是将后来的品种完全变成原来品种的复制品，而需要创造性地应用。如我国有些地方绵羊、山羊品种繁殖力强，这种高产性能必须保存下来，因此级进杂交并非代数越多越好。实践证明，过高的杂交代数反而使杂种个体的生活力、繁殖力以及适应性下降，效果适得其反。一般以级进杂交 2~3 代为宜。

（二）育成杂交

育成杂交就是将几个品种的羊，通过杂交的方法创造出一个符合生产要求的新品种。用 2 个品种杂交培育成新品种称为简单育成杂交，用 3 个或 3 个以上品种杂交育成新品种称为复杂育成杂交。

育成杂交的目的是把两个或几个品种的优点保留下来，剔除缺点，成为新品种。当本地羊品种不能满足生产需要，也不能用级进杂交的方法彻底改变时，即可用育成杂交。杂交所用的品种在新品种中所占的比例要根据具体情况而定，而且只要选择亲本合适，不需要杂交代数过高，只要能把优良性状结合起来，当达到理想要求时，即可进行自群繁育。再进一步经过严格选择和淘汰，扩大数量，提高产品质量，即可培育出新品种。

（三）导入杂交

导入杂交是指在一个品种的生产性能基本满足要求，而在某一方面还存在不足，而这种不足又难以用本品种选育得到改善时，就可选择一个具有这方面优点的公羊与之交配 1~2 次，以纠正不足，使品种特性更加完善。采用导入杂交时，不仅要慎重挑选改良品种，对个体公羊也要有很好选择，这样才能达到纠正原来品种不足的目的。进行导入杂交时，可在原来品种内选择少量优秀母羊和导入品种的理想公羊交配，以期获得优秀的理想公羊，再加以广泛应用，以达到提高这方面性能的目的。

（四）轮回杂交

轮回杂交就是 2~3 个或更多品种羊轮番杂交，杂种母羊继续繁殖，杂种公羊作经济利用。

轮回杂交每代交配双方都有相当大的差异，因此始终能产生一定的杂种优势。据报道，采用轮回杂交生产肥羔，二元轮回杂交肥羔出售时体重比纯种提高 16.6%，三元轮回杂交体重比纯种提高 32.5%。

第三章　肉羊的繁殖技术

第一节　母羊的发情与配种

一、母羊的发情特点

(一) 母羊的初情期与性成熟

性机能有一个发生、发展和衰老的过程，一般分为初情期、性成熟期及繁殖机能停止期。母羊幼龄时期的卵巢及性器官均处于未完全发育状态，卵巢内的卵泡在发育过程中多数萎缩闭锁。随着母羊的生长发育，当母羊达到一定的年龄和体重时，发生第一次发情和排卵，即到了初情期。此时，母羊虽有发情表现，但不完全，发情周期也往往不正常，其生殖器官仍在继续生长发育中。此后，垂体前叶产生大量促性腺激素释放到血液中，促进卵泡发育，同时，卵泡产生雌激素释放到血液中，刺激生殖道的生长发育。绵羊的初情期为 4~8 月龄。国内某些早熟多胎品种如小尾寒羊初情期为 4~6 月龄。

母羊到了一定年龄，生殖器官已发育完全，具备了繁殖能力，此时称为性成熟期。性成熟后，母羊就能够配种繁殖后代，但此时其身体的生长发育尚未成熟，故性成熟时并非最适宜的配种时期。实践证明，幼畜过早配种，不但严重阻碍本身的生长发育，而且严重影响后代体质和生产性能。肉用母羊性成熟期为

6~8月龄。母羊的性成熟主要取决于品种、个体、气候和饲养管理条件等因素。早熟种的性成熟期较晚熟种早，温暖地区较寒冷地区早，饲养管理好的性成熟也较早。但是，母羊初配年龄过迟，不仅影响其遗传进展，而且也会造成经济上的损失。因此，要提倡适时配种。一般而言，初配母羊在体重达成年体重70%（即成年母羊体重50千克，初配母羊为35千克）时可开始配种。肉用母羊配种适龄为12月龄，早熟品种、饲养管理条件好的母羊，配种年龄可较早。

（二）母羊发情与发情周期

1. 发情

发情母羊能否正常繁殖，往往决定于其能否正常发情。正常发情是指母羊发育到一定程度所表现出的一种周期性的性活动现象。母羊发情的变化包括3个方面。

（1）母羊的精神状态。母羊发情时，常常表现兴奋不安，对外界刺激反应敏感，食欲减退，有交配欲，主动接近公羊，在公羊追逐或爬跨时常站立不动。

（2）生殖道的变化。发情期中，在雌激素的作用下，母羊生殖道发生了一系列有利于交配活动的生理变化。发情母羊外阴松弛、充血、肿胀，阴蒂勃起，阴道充血、松弛，阴道分泌有利于交配的黏液，子宫颈口松弛、充血、肿胀，并有黏液分泌。子宫腺体增长，基质增生、充血、肿胀，为受精卵的发育做好了准备。

（3）卵巢的变化。母羊在发情前2~3日卵巢的卵泡发育很快，卵泡内膜增厚，卵泡液增多。卵泡部分突出于卵巢表面，卵子被颗粒层细胞包围。

2. 发情持续期

母羊每次发情持续的时间称为发情持续期。绵羊发情持续期为 30 小时左右，山羊为 24~48 小时。母羊排卵一般多在发情后期，成熟卵排出后在输卵管中存活的时间为 4~8 小时，公羊精子在母羊生殖道内受精作用最旺盛的时间约为 24 小时。为了使精子和卵子得到充分的结合机会，最好在排卵前数小时内配种。因此，比较适宜的配种时间应在发情中期（即发情后 12~16 小时）。在养羊生产实践中，早晨试情，挑出的发情母羊早晨配种，傍晚再配 1 次，效果较好。

3. 发情周期

发情周期即母羊从上一次发情开始到下次发情的间隔时间。在一个发情期内，未经配种或虽经配种而未受孕的母羊，其生殖器官和机体发生一系列周期性变化，会再次发情。绵羊发情周期平均为 16 天（14~21 天），山羊平均为 21 天（18~24 天）。

二、母羊的发情鉴定

发情鉴定的目的是及时发现发情母羊，准确掌握配种或人工授精时间，防止误配漏配，提高受胎率。掌握母羊发情鉴定，确定适时输精时间是很重要的，但一般母羊发情时间很难判定（特别是绵羊），根据母羊发情或排卵的规律，母羊发情鉴定一般采用外部观察法、阴道检查法、试情法等方法。

（一）外部观察法

观察母羊的外部表现和精神状态，如母羊是否兴奋不安，外阴部的充血、肿胀程度，黏液的量、颜色和黏性等，是否爬跨别的母羊，以及是否摆尾、鸣叫等。

（二）阴道检查法

通过用开腔器检查阴道的黏膜颜色、润滑度、子宫颈颜色、肿胀情况、开张度大小以及黏液的量、颜色、黏稠度等来判断母羊的发情程度。此法不能精确判断发情程度，已不多用，但有时可作为母羊发情鉴定的参考。

（三）试情法

生产中较为常用的是公羊试情法。试情公羊必须体格健壮、无疾病、年龄 2~5 周岁。为防止偷配，可选用下列方法：一是用试情布兜住阴茎，二是切除或结扎输精管及输精管移位。试情公羊与母羊的比例以 1：（20~40）为宜。每日一次或早晚两次把试情公羊定时放入母羊群中，母羊在发情时就会寻找公羊或尾随公羊，只有当母羊站立不动并接受公羊的逗引及爬跨时，才算是确实发情。发现发情母羊时，应迅速将其分离，继续观察，以备配种。试情公羊的腹部可以在胸部涂抹颜料，母羊发情后，公羊爬跨就会将颜料印于母羊臀部，有利人工识别。

三、发情母羊的集中配种技术

（一）配种准备

1. 制订配种计划

饲养种羊较多的养殖场（户）在配种前要做好配种计划及各项准备工作，以保证顺利完成配种任务。

配种计划主要包括配种任务、组织领导及劳动分工、配种起止时间、配种进度安排、种公羊配备、母羊整群、放牧抓膘、饲养管理技术措施、圈舍、设备及其他物资等内容。要在认真总结上年度配种经验和存在的主要问题的基础上，做好此项工作。

2. 整群与抓膘

羊群的整群和抓膘工作对配种成绩的影响很大，经过整群可进一步提高羊群的整体生产水平。其次，抓好夏秋膘，提高母羊配种前的体重，有利于提高母羊的发情率、受胎率。

（1）整群。整群就是把不适合作为配种的母羊进行淘汰。整群一般从两个方面进行。一是在羔羊断奶以后就要对羊群进行整顿，把不适宜繁殖的老龄母羊、屡配不孕的母羊、连续两胎流产、产死胎、难产和因母性差或泌乳低而不能奶活羔羊的母羊，以及有缺陷达不到标准的母羊，都要单独组成育肥羊群，经过短期育肥出栏肉用。二是根据选配计划整顿母羊群。对年龄结构比较合理的羊群，每年的淘汰率为 15%～20%，如羊群的数量不再扩大，还应及时补充育成母羊 15%～20%，在做好羔羊断奶同时还要对母羊驱虫、药浴。

（2）抓膘。对参加配种的母羊应加强放牧和饲养管理，确保发情整齐，尽量缩短配种期。对在配种前达不到配种体重要求的瘦弱母羊要进行短期优饲。抓膘指抓好夏秋膘，提高配种前体重。实践证明，膘情好的母羊，在 1～3 个发情期就可结束配种。因为配种期短，产羔期比较集中，所产羔羊的年龄差别不大，便于管理，有利于同时出栏。为了提高母羊配种前的体重，应当保证母羊在配种前至少要有 1.5～2 个月的休息和复壮期，这就要做到羔羊及时断乳或适当提前断乳。

3. 选种选配

（1）种公羊和繁殖母羊的选种选配。对公、母羊进行选种选配是迅速提高羊群质量和生产性能的一项重要工作，在配种计划中要明确每只种公羊的配种任务，科学地分配每只公羊的配种母羊。为母羊确定了配种公羊之后，要登记注册。

（2）安排配种时期。根据自然生态条件和养殖场（户）实际，合理安排配种时期。配种时期的原则是，既有利于发挥母羊的繁殖潜力，又有利于羔羊存活和生长发育。炎热的夏季，公羊性欲减弱，精液品质下降，所生后代体质差；严寒季节，母羊体况不良，不易发情或发情受胎率低，羔羊品质差。此外，羊是草食家畜，饲草是羊生长发育的物质基础，特别是新鲜的优质饲草，对羊尤为重要。因此，羊繁殖季节应选择气候较好、牧草充足或有较多农副产品的秋季。

（二）配种时间

配种时间的确定，主要依据各地区、各养殖场（户）的产羔时间和年产胎次的安排决定。年产 1 胎的母羊，有冬季产羔和春季产羔两种，产冬羔配种时间为 8—9 月，翌年 1—2 月产羔；产春羔配种时间为 11—12 月，翌年 4—5 月产羔。一年两产的母羊，可于 4 月初配种，当年 9 月初产羔，10 月初第二次配种，翌年 3 月初产第二产。两年三产的母羊，第一年 5 月配种、10 月产羔，第二年 1 月配种、6 月产羔、9 月配种，第三年 2 月产羔。

母羊发情后要适时配种才能提高受胎率和产羔率。绵羊排卵时间一般都在发情开始后 20~30 小时，山羊排卵时间在发情开始后 24~36 小时，成熟卵排出后，在输卵管中存活时间为 4~8 小时，公羊精子在母羊生殖道内受精作用最旺盛的时间约为 24 小时，为了使精子和卵子得到充分的结合机会，最好在排卵前数小时内配种，所以最适当的配种时间是发情后 12~24 小时（发情中期）。提倡一次配种，但为更准确地把握受孕时机，可在第一次配种 12 小时后，再进行一次重复配种。

（三）配种方法

羊的配种方法可分为自由交配、人工辅助交配和人工授精 3 种。

1. 自由交配

自由交配为最简单的交配方式。在配种期内，可根据母羊多少，将选好的种公羊放入母羊群中任其自由寻找发情母羊进行交配。该法省工省事，适合小群分散的生产单位，若公、母羊比例适当，可获得较高的受胎率。其缺点如下。

（1）无法控制产羔时间。

（2）公羊追逐母羊，无限交配，造成公羊不安心采食，耗费精力，影响健康。

（3）公羊追逐爬跨母羊，影响母羊采食抓膘。

（4）无法掌握交配情况，后代血统不明，容易造成近亲交配或早配，难以实施计划选配。

（5）种公羊利用率低，不能发挥优秀种公羊的作用。

为了克服以上缺点，在非配种季节公、母羊要分群放牧管理，配种期内如果是自由交配，可按1∶25的比例将公羊放入母羊群，配种结束后将公羊隔出来。每年群与群之间要有计划地进行公羊调换，交换血统。

2. 人工辅助交配

人工辅助交配，是将公、母羊分群隔离放牧，在配种期内用试情公羊试情，有计划地安排公、母羊配种。这种交配方式不仅可以提高种公羊的利用率，增加其利用年限，而且能够有计划地选配，提高后代质量。交配时间，一般是早晨发情的母羊傍晚配种，下午或傍晚发情的母羊于翌日早晨配种。为确保受胎，最好在第一次交配后间隔12小时左右再重复交配1次。

3. 人工授精

人工授精是用器械采取公羊的精液，经过精液品质检查和一系列处理，再将精液输入发情母羊的生殖道内，达到母羊受胎的配种方式。人工授精可以提高优秀种公羊的利用率，比本交提高与配母羊数达数十倍，节约饲养大量种公羊的费用，加速羊群的遗传进展，并可防止疾病传播。

第二节 肉羊的人工授精技术

一、种公羊的选择与管理

（一）种公羊的选择

种公羊应选择个体等级优秀，符合种用要求，年龄在 2~5 岁，体质健壮、睾丸发育良好、性欲旺盛的种羊。正常使用时，精子活力在 0.7~0.8 以上，畸形精子少，正常射精量为 0.8~1.2 毫升，密度中等以上。

（二）种公羊的管理

放牧饲养时，要选派责任心强、有放牧经验的放牧员放牧，每天放牧距离不少于 7.5 千米。种公羊要单独饲养，圈舍宽敞、清洁干燥、阳光充分、远离母羊舍。饲料应多样化，保证青绿饲料和蛋白质饲料的供给。配种季节，每天保证喂给 2~3 个新鲜鸡蛋（带壳喂给）。

（三）种公羊的调教

一般说，公羊采精是较容易的事情，但有些初配公羊，就不太容易采出精液，可采取以下措施。一是同圈法。将不会爬跨的公羊和若干只发情母羊关在一起过几夜，或与母羊混群饲养几天后公羊便开始爬跨。二是诱导法。在其他公羊配种或采精时，让被调教公羊站在一旁观看，然后诱导它爬跨。三是按摩睾丸。在调教期每日定时按摩睾丸 10~15 分钟，或用冷水湿布擦睾丸，几天后则会提高公羊性欲。四是药物刺激。对性欲差的公羊，隔日每只注射丙酸睾酮 1~2 毫升，连续注射 3 次后可使公羊爬跨。另外，将发情母羊阴道黏液或尿液涂在公羊鼻端，也可刺激公羊性欲，或用发情母羊作台羊。

二、采精技术

（1）选择发情好的健康母羊作台羊，后躯应擦干净，头部固定在采精架上（架子自制，离地通常一个羊体高）。训练好的公羊，可不用发情母羊作台羊，用公羊作台羊、假台羊等都能采出精液。

（2）种公羊在采精前，用湿布将其包皮周围擦干净。

（3）假阴道的准备：首先将消毒过的、酒精完全挥发后的假阴道内胎，用生理盐水棉球或稀释液棉球从里到外地擦拭，在假阴道一端扣上消毒过并用生理盐水或稀液冲洗后甩干的集精瓶（温度低于 25 ℃时，集精瓶夹层内要注入 30~35 ℃的温水）；然后在外壳中部注水孔注入 150 毫升左右的 50~55 ℃的温水，拧上气卡塞，套上双连球打气，使假阴道的采精口形成三角形，并拧好气卡塞；最后把消毒好的温度计插入假阴道内胎测温，温度以 39~42 ℃为宜，在假阴道内胎的前 1/3 涂抹稀释液或生理盐水作润滑剂。

（4）采精操作：采精员蹲在台羊右侧后方，右手握假阴道，气卡塞向下，靠在台羊臀部，假阴道和地面约呈 35°；当公羊爬跨、伸出阴茎时，左手轻托阴茎包皮，迅速地将阴茎导入假阴道内，公羊射精动作很快，发现其抬头、挺腰、前冲，表示射精完毕，全过程只有几秒钟；随着公羊从台羊身上滑下，将假阴道取下，立即使集精瓶的一端向下竖立，打开气卡塞，放气后取下集精瓶（不要让假阴道内水流入精液，外壳有水要擦干），送操作室检查。采精时，注意力必须高度集中，动作敏捷，做到稳、准、快。

（5）种公羊每天可采精 1~2 次，采 3~5 天休息 1 天。必要时每天采 3~4 次。二次采精后，让公羊休息 2 小时后再进行第三次采精。

三、精液品质检查

精液品质和受胎率有直接关系，必须经过检查与评定方可输精。精液品质检查分两个方面：眼睛检查和显微镜检查。

（一）眼睛检查

眼睛检查主要是检查精液量。从集精瓶壁的刻度上看公羊的精液量，公羊的一次射精量一般是 1 毫升，多的可以到 2 毫升。同时要检查精液的颜色和气味。正常的精液是乳酪色的，具有特别的气味，但不是臭味。如果精液带红色，就说明精液中可能带有血液；如果精液带绿色，就说明精液中可能含有脓。颜色不正常和发臭的精液，不能用来人工授精，并且要把采精公羊送给兽医检查和治疗。

（二）显微镜检查

能用作人工授精的精液，在显微镜里所看到的精子非常多，精子和精子之间几乎没有空隙，只见无数精子在运动。在显微镜里看到的精子中，大约有 80% 做直线前进运动，其余 20% 做回旋运动。精子的活动情况和室内温度有很大关系，温度高，精子活动就快；温度低，精子活动就减弱。因此检查精子活力时，规定室内温度必须保证在 18~25 ℃。精液处理室的室温应经常维持温暖，并在墙上挂一支温度计。

四、精液的稀释

稀释精液的目的在于扩大精液量，提高精子活力，延长精子存活时间。常见稀释液有以下 3 种。

（一）生理盐水稀释液

用 0.9% 生理盐水注射液或经过灭菌消毒的 0.9% 氯化钠溶液

稀释精液，此种方法简单易行，但稀释倍数不宜超过两倍。

（二）葡萄糖卵黄稀释液

100 毫升蒸馏水中加入葡萄糖 3 克、柠檬酸钠 1.4 克，溶解过滤后灭菌冷却至 30 ℃，加新鲜卵黄液 20 毫升，充分混合。

（三）羊奶稀释液

用脱脂纱布过滤新鲜羊奶，蒸汽灭菌 15 分钟，冷却至30 ℃，吸取中间奶液可作稀释液。

上述稀释液中，每毫升稀释液应加入 500 国际单位青霉素和链霉素，调整溶液 pH 值为 7 后使用，精液稀释应在 25~30 ℃进行。

五、精液的保存

为扩大优秀种公羊的利用效率、利用时间和利用范围，需要有效地保存精液，延长精子的存活时间。为此必须降低精子的代谢，减少能量消耗。在实践中，可采用降低温度、隔绝空气和稀释等措施抑制精子的运动和呼吸，降低其能量消耗。

（一）常温保存

精液稀释后，保存在 20 ℃ 以下的室温环境中，在这种条件下，精子运动明显减弱，可在一定限度内延长精子的存活时间，在常温下能保存 1 天。

（二）低温保存

在常温保存的基础上，进一步缓慢降低温度至 0~5 ℃。在这个温度下，物质代谢和能量代谢降到极低水平，营养物质的损耗和代谢产物的积累缓慢，精子运动完全停止。低温保存的有效时间为 2~3 天。

（三）冷冻保存

家畜精液的冷冻保存，是人工授精技术的一项重大革新，它可长期保存精液。目前，羊、马精液冷冻已取得了令人满意的效果。羊的精子由于不耐冷冻，因此冷冻精液受胎率较低，一般受胎率40%～50%，少数实验结果达到70%。

冷冻精液保存的过程包括稀释、平衡、冷冻、解冻。冷冻方法可分为氨冷冻法、颗粒冷冻法和细管冷冻法。

六、输精

(一) 输精前的准备

输精前所有的器材要消毒灭菌，输精器和开腔器最好蒸煮或在高温干燥箱内消毒。输精器以每只羊准备1支为宜，若输精器不足，可在每次使用完后用蒸馏水棉球擦净外壁，再以酒精棉球擦洗，待酒精挥发后再用生理盐水冲洗3～5次，才能使用。连续输精时，每输完1只羊后，输精器外壁用生理盐水棉球擦净，便可继续使用。输精人员应穿工作服，手指甲剪短磨光，手洗净擦干，用75%酒精消毒，再用生理盐水冲洗。

把待输精母羊赶入输精室，如没有输精室，可在一块平坦的地方进行。母羊保定的一种正规操作应设输精架，可采用横杠式输精架，即在地面上埋两根木桩，相距1米宽，绑上一根5～7厘米粗的圆木，距地面约70厘米，将待输精母羊的两后腿放在横杠上悬空，前肢着地，1次可同时放3～5只羊，输精时比较方便。另一种简便的方法是由一人保定母羊，使母羊自然站立在地面上，输精员蹲在输精坑内。还可以由两人抬起母羊后肢保定，高度以输精员能较方便找到子宫颈口为宜。

(二) 输精时间

比较适宜的输精时间应在发情中后期（即发情后12～16小时）。如以母羊外部表现来确定母羊发情，上午开始发情的，可在下午配种1次，间隔8～10小时再配种1次；下午和傍晚开始发情的，在翌日上午、下午各输精 1 次。如母羊继续发情，可再行输精 1 次。

（三）输精量

绵羊和山羊每次输精时，应输入前进运动精子数 0.5 亿个。对新鲜原精液，一般应输入 0.05～0.1 毫升，稀释精液（2～3倍）应为 0.1～0.3 毫升。

（四）输精部位

母羊的输精部位应在子宫颈口内 1～2 厘米处，但由于母羊的子宫颈细长，管腔内有 5～6 个横皱褶，因此需要仔细操作，才能在深部（0.5～1.5 厘米）输精。

（五）输精方法

输精前将母羊外阴部用来苏尔溶液擦洗消毒，再用清水冲洗擦干净，或用生理盐水棉球擦洗。输精人员将用生理盐水湿润过的开腔器闭合，按阴门的形状慢慢插入，之后轻轻转动 90°，打开开腔器。如在暗处输精，要用额灯或手电筒光源寻找子宫颈口，子宫颈口的位置不一定正对阴道，子宫颈在阴道内呈现一小突起，发情时充血，较阴道壁膜的颜色深，容易找到，如找不到，可活动开腔器的位置，或改变母羊后肢的位置。输精时，将输精器慢慢插入子宫颈口内 0.5～1 厘米，将所需的精液量注入子宫颈口内。有时处女羊阴道狭窄，开腔器无法充分展开，找不到子宫颈口，这时可采用阴道输精，但精液量至少要提高一倍，为提高受胎率，每只羊一个发情期内至少输精两次，每次间隔 8～12 小时。

输精的关键是严格遵守操作规程，操作要细致，子宫颈口要对准，精液量要足，输精后要登记，按照输精先后组群，加强饲养管理，以便于增膘保胎。

七、采精、输精记录

种公羊记录，主要记载采精日期和时间、射精量、精子活率、颜色、密度、精液稀释倍数、输精母羊号。

母羊输精记录，主要记载输精母羊号、年龄、输精日期、精液类型、与配公羊号、精液稀释倍数。

第三节 妊娠诊断与接产技术

一、妊娠诊断

妊娠是指从卵子受精开始，经过卵裂、囊胚的形成、胚胎的附植、胎儿分化与生长，一直到胎儿发育成熟后与胎盘及附属膜共同排出前，母体复杂的生理过程。羊的妊娠诊断方法包括外部观察法、腹壁触诊法和超声波探测法。

（一）外部观察法

外部观察法是在问诊的基础上，对被检母羊进行观察，注意其体态及胎动等变化，判断是否妊娠。问诊的内容包括母羊的发情情况、配种次数、最后一次配种日期、配种后是否再发情、一定时期后食欲是否增加、营养是否改善、乳房是否逐渐增大等。如果配种后没再出现发情、食欲有所增加、被毛变得光泽、乳房逐渐增大，则一般认为是怀孕了。配种 3 个月后，则要注意观察羊的腹部是否增大，右侧腹部是否突出下垂，腹壁是否常出现胎动，从而判定是否妊娠。需要指出的是，有些羊妊娠后又出现发情现象，称为假发情。出现这种情况时，应结合其他方法，综合分析后才能作出诊断。

（二）腹壁触诊法

检查者双腿夹住羊的颈部，面向后躯，双手紧兜下腹壁，并用左手在右侧下腹壁前后滑动，感觉腹内有无硬块，该硬物即为胎儿。妊娠 3 个月以上时，可触及胎儿。

(三) 超声波探测法

使用超声波 D 型多普勒诊断仪，利用其多普勒效应原理，探测母羊妊娠后子宫血流的变化、脐带的血流、胎儿的心跳和胎儿的活动，并以声响信号显示出来。羊的探测部位在乳房两侧或乳前的少毛区，母羊站立保定，将被毛向两侧分开，在皮肤和探头上涂以耦合剂，将探头朝着对侧后方 (即骨盆入口处)，紧贴皮肤进行探测，并缓慢活动探头，调整探射波的方向，使探查的范围成为扇形。在妊娠母羊可探听到慢音 (子宫动脉血流音)、快音 (胎儿心音和脐带血流音) 和胎动音 (不规则的蝉鸣音) 3 类音响信号。出现上述任何一种音响信号即可诊断为怀孕。

目前，生产中普遍使用 B 超仪进行妊娠诊断。它以扇形或线形扫描方法利用声波反射回来的光点明暗度显示子宫切面图像，可以直接观察子宫变化及胎儿发育状况。这种影像诊断方法，具有很强的直观性和准确性。

二、推算预产期

羊从开始怀孕到分娩的期间叫妊娠期，羊的妊娠期一般 150 天左右，但随品种、个体、年龄、饲养管理条件的不同而异，如早熟的肉毛兼用或肉用绵羊品种的妊娠期较短，平均 145 天，细毛羊品种妊娠期 150 天左右。羊的预产期可用公式推算：即配种月份加 5，配种日期数减 2。

三、接产技术

(一) 准备工作

1. 棚圈及用具的准备

应根据各地的气候条件和经济条件，因地制宜地准备接羔室和临时接羔棚，并进行清扫和消毒，使棚舍内地面干燥、通风良好、宽敞明亮。棚舍内留一处供待产母羊用的空地，另外设置一些母仔小圈，其中有 20%～30% 的产双羔的母仔小圈，面积为 1.8 米²，产单羔的母仔小圈面积为 1.2 米²。接羔时必要的用具，如草架、饲槽、母仔栏栅、涂料、磅秤、产羔记录、耳标等，都要事先准备好。

2. 饲草、饲料的准备

在接羔点附近，根据羊群的大小和牧草的产量及品质，划留一定面积的产羔用草场，以满足产羔母羊一个月的放牧需要。还应为母羊准备充足的干草和适量的精饲料、多汁饲料。

3. 人员的配备

接羔期间除牧工以外，还需根据羊群的具体情况，增加 1～2 个辅助接羔员，并在接羔前学习有关接羔的知识和技术。牧工和辅助接羔员应明确责任，加强值班，特别是值夜班。放牧时带上必需的接产物品，如接羔袋、碘酊、药棉、毛巾等。

4. 兽医人员及药品的准备

在产羔母羊群比较集中的乡、村或牧场兽医站，应备足产羔期母羊和羔羊常见病所必需的药品和器材，并有兽医负责巡回服务。各产羔点和养羊户应准备好消毒和卫生用品，如来苏尔、碘酊、药棉、纱布和常用药品。

（二）接产

1. 母羊临产前的表现

牧工要经常观察羊群动态。临产母羊有以下特征：乳房膨大，乳头直立，能挤出少量黄色初乳；阴门肿胀，可流出黏液；肷窝凹陷，行动困难，频频排尿，起卧不安，回头顾腹；有时用前蹄刨地、鸣叫、停食或不反刍；有时独处墙角、溜边；放牧时落后、掉队。当发现母羊不断起卧、努责或肷窝明显凹陷时就应将其送入产圈。

2. 正产

母羊产羔时要保持安静，不得惊动它，令其自产。正常产羔，几分钟至半个小时就可产出。分娩过程中先看到胎羊的两个前蹄（蹄底朝向腹部），随之是口鼻，当头顶部露出后，很快即可将羔羊娩出，此为顺产。双羔产出一只后，待5~30分钟即可产出另一只。有时看到胎羊的两后肢先出（蹄底朝向背部），此为倒产，羔羊也可正常产出，胎衣在产后1~3小时内排出。

3. 助产

有些羊因胎羊过大或初次产羔阴道狭窄及胎位、胎势不正等原因出现难产；还有多胎羊产出1~2只后，母羊因体力不支、努责乏力出现难产。属于正常胎位难产时，可将胎羊两前肢反复推入拉出数次，使母羊阴门扩大，一手握胎羊两前肢，另一手扶头并保护会阴部防止撕裂，随着母羊努责向外拉，帮助胎羊产出。当羊水流失、产道过干时，应涂抹植物油。因胎位、胎势不正而难产时，要将母羊后躯垫高，减少胃肠压力，伸手入产道探明胎位、胎势，在腹腔内调整使之成为顺产或倒产。有时胎羊仅外露一条腿，应将外露的一条腿缚上消毒纱布条后推入母羊腹腔（外露纱布条），找到另一条腿，帮助其产出。怀多胎羔的母羊无力产出时要用手向外推母羊下腹部（乳房前），助其娩出。在操作前要将手指甲剪短、磨光，用2%来苏尔洗手并涂油脂，或戴乳胶手套。遇到难产时不要惊慌，必要时可请兽医。

（三）难产处理

初产母羊的盆骨、阴道狭窄，老龄母羊体质虚弱，母羊一胎多产，杂种羔个体较大等，都容易造成产羔困难。遇到难产时，必须实行助产。

母羊产羔时，如破水后20多分钟仍未产出，或仅露蹄和嘴，且又无力努责，必须助产。胎位不正的母羊，也需助产。助产时先应将指甲剪短、磨光，用肥皂水洗手，再用来苏尔消毒，涂上润滑剂或涂一层肥皂。如胎羊过大，可用下列两种方法助产：一是用手随着母羊的努责，握住胎羊两前蹄，慢慢用力拉出；二是随着母羊的努责，用手向上方推母羊腹部，这样反复几次，即可将胎羊产出。如果胎位不正，可先将母羊身体后部用草垫高，将胎羊露出部分推回，伸手入产道摸清部位，慢慢纠正使之成为顺位，然后慢慢将胎羊拉出。个别胎羊畸形助产无效者，可用剖腹产。

羔羊产出后，若只有心脏跳动而无呼吸，可进行人工呼吸。方法是用两手分别握住羔羊的前、后肢，向前、后慢慢活动；或往羔羊鼻腔内吹气；也可提起后肢，轻轻拍打臀部。

（四）羔羊的护理

初生羔羊体质较弱，适应能力及抗病能力均较差，因此应做好羔羊护理工作，提高其成活率。首先应使羔羊尽快吃到初乳，因初乳中含有丰富的营养物质和抗体，能起到增强羔羊体质和防病、抗病的作用。对缺奶羔羊应找保姆羊或人工哺乳。羔羊出生后，应对产室定期消毒，尽量使室温保持恒定，并随时观察母仔情况，对出现病态的羔羊应及时治疗。

第四章　肉羊营养与饲料管理

第一节　肉羊的营养需要与饲养标准

一、肉羊的营养需要

肉羊营养需要包括干物质、能量、蛋白质、矿物质、维生素和水等。

（一）干物质

干物质（DM）是指各种绝干的固形饲料养分需要量的总称。一般用干物质采食量（DMI）来表示。干物质采食量是一个综合性的营养指标。日粮中干物质含量过高，羊吃不下去；干物质含量不足，养分浓度低。在配制日粮时，要正确协调干物质采食量与营养浓度的关系，严格控制干物质采食量。

（二）能量

日粮中的能量水平是肉羊生产力的重要影响因素。肉羊对能量的需要是对饲料中有机物质的总能需要量，只有能量满足肉羊的维持和生产所需，其他类营养物质才正常地发挥作用。肉羊对能量的摄入一部分用于维持体温及生命活动，供给生产所需，另一部分则在体内转化为脂肪储存起来，以备饥饿时使用。肉羊对能量的需求与体重、年龄、生长阶段以及日粮中的能蛋比有关，还随着生活环境、育肥、生理变化等发生变化。因此，要根据肉羊的实际生产情况来对能量的供给进行适当调整，以满足肉羊所需。

（三）蛋白质

处于各生理阶段的肉羊都需要一定量的蛋白质，蛋白质供应不足会使肉羊消瘦、衰弱，甚至死亡。如果母羊在妊娠阶段蛋白质不足会使胎儿生长发育不良，导致产死胎、畸形胎的概率增加，产后的泌乳量少，幼羊的生长发育受阻、抗病能力差。肉羊瘤胃中的微生物合成的必需氨基酸数量有限，合成的数量和速度都不能满足肉羊的正常生长发育所需，因此需从日粮中额外添加，合理的蛋白质供给对提高饲料利用率及肉羊的生产性能起着重要的作用。

肉羊在各生长阶段及生理阶段对蛋白质的需求量不同，其中幼羊生长发育快，对蛋白质需求量较高。随年龄的增长，生长速度减慢，对蛋白质的需求量逐渐下降。育肥羊以及处于妊娠期和哺乳期的母羊对蛋白质的需求量相对较高。

能量和蛋白质作为肉羊营养中的两大重要营养素，其比例关系直接影响肉羊的生产性能。日粮中提供适量的蛋白质，可使能量沉积量增加。当日粮中能量浓度低，蛋白质量不变时，羊为满足对能量的需要，会增加采食量，导致蛋白质摄取量过多，多采食的蛋白质会转化为低效的能量，造成饲料的浪费。因此，日粮中要保持合适的能蛋比，才能保证能量饲料的最大利用率。

（四）矿物质

肉羊体内所含的矿物质种类丰富，但含量较少，占 0.3% ~ 0.6%，几乎参与了所有的生理过程。矿物质是肉羊体组织和乳汁中不可缺乏的成分，缺乏时会导致神经系统、营养运输、体内酸碱平衡等功能发生紊乱，严重时还会危及肉羊的生命。

钙、磷是羊需要最多的矿物质，其中有99%的钙、磷存在于骨骼和牙齿中。如果缺乏钙、磷会引起肉羊食欲减退、消瘦、生长停滞；导致公羊的繁殖力下降；幼羊会患软骨症，成年羊发生骨质疏松症；母羊产前或产后瘫痪，甚至死亡。钙、磷过量会影响其他矿物质元素的代谢，造成骨组织营养不良。肉羊日粮中的钙、磷比例要适宜，一般为（1.5~2）：1最适宜。

（五）维生素

维生素是维持肉羊生命活动以及生产性能的重要营养物质，在饲料中的含量虽低，却起着重要作用。维生素分为脂溶性维生素和水溶性维生素。其中脂溶性维生素A、维生素D、维生素E和维生素K在肉羊的体内无法合成，需要在饲料中额外补充，才能满足肉羊维持和生产需求。

维生素A的作用是维持羊的正常视觉，促进细胞的增殖，调节相关养分的代谢。当舍饲肉羊大量饲喂劣质粗饲料时，常会导致维生素A缺乏，而使未成年羊出现夜盲、失明；成年羊则表现为繁殖性能下降。

维生素D的作用是增加机体对钙、磷的吸收，并制约骨骼和牙齿对钙、磷的沉积量。当机体内缺乏维生素D时，会引起幼龄羊患佝偻病，成年羊则患骨质疏松。对于肉羊的管理要加强室外的运动，保证充足的光照，有利于维生素D的吸收和利用。而对于经常见不到阳光的羊，则要额外补充维生素D或多喂青绿饲料。

维生素E可以有效调节生殖功能，并可维持肌肉的正常功能。当肉羊体内缺乏维生素E时，会导致其发生运动障碍，不能站立。当母羊体内缺乏维生素E时，所产羔羊的体质较弱，成活率低。

（六）水

水不但是营养物质，还参与了机体的一切生命活动，如组织的形成、消化吸收、营养运输、器官的润滑、血液和体液的循环、泌乳的维持、内分泌活动以及繁殖等。羊每天需要饮用 4~5 升的水（哺乳期加倍）。如果肉羊的水分供应不足，当体内失去 10%的水分时，羊即会有不舒适感，当失去 20%~25%的水分时，就会危及羊的生命。所以在肉羊的饲养过程中要提供充足且清洁的饮用水，在羊舍以及运动场内都应设置饮水槽或饮水盆，保证肉羊随时都能喝到水，在炎热的夏季更应注意水的供应。

二、肉羊的饲养标准

肉羊的饲养标准是根据科学试验结果、结合实践饲养经验，对不同品种、年龄、性别、体重、生理状况、生产方向和生产水平的羊，科学地规定每只羊每天应通过饲料供给各种营养物质的数量。肉羊的饲养标准是现代化养羊不可缺少的技术指导，为日粮配制与单一饲料的利用提供科学依据，是提高营养素利用率、降低饲养成本的根本所在。

2022 年 3 月，农业农村部批准发布了《肉羊营养需要量》（NY/T 816—2021）标准。本标准规定了肉用绵羊和肉用山羊在不同生长阶段的营养需要量，为饲料企业、各种类型养羊场（户）肉羊饲粮的配制提供了依据。值得注意的是，在该标准的实际应用中不能生搬硬套，各地应依据肉羊的品种、生产性能、自然条件和饲养水平等生产实际情况加以调整。

第二节　肉羊的常见饲料

羊的饲料种类极为广泛，绵羊主要生活在草原地区，以各种青草为主要饲料；山羊主要生活在山区，最喜欢采食比较脆嫩的植物茎叶，如灌木枝条、树叶、树枝、块根、块茎等。树枝、树叶可占其采食量的 1/3~1/2。枯草季节，还可以组织羊群进行放牧，一方面解决饲料不足问题；另一方面可以增强羊只的体质，减少疾病的发生。灌木丛生、杂草繁茂的丘陵、沟坡是放牧山羊的理想地方。

羊的饲料按来源可分为青绿饲料、青贮饲料、粗饲料、多汁饲料、精饲料、无机盐饲料、蛋白质饲料、特种饲料等。

一、青绿饲料

青绿饲料的种类很多，包括野生杂草、灌木枝叶、果树和乔木树叶、青绿牧草、刈割的青饲料等。青绿饲料含水量高（75%~90%）、粗纤维含量少、营养价值较丰富、适口性好。

但是，高粱苗、玉米苗等含有少量氰苷，在胃内由于酶和胃酸的作用，被水解为有剧毒的氢氰酸，大量采食可引起羊中毒；幼嫩豆科青草适口性好，应防止羊过量采食，以免造成瘤胃臌胀，同时也可避免农药中毒。薯秧、萝卜和甜菜等往往带有泥沙，喂前要洗净。

要注意的是，过嫩的青绿饲料往往含水量高、容积大，羊容易吃饱，也容易饥饿和腹泻。因此，早春季节放牧时要补充一些干草。

大量饲喂青绿饲料时，要充分考虑与干物质搭配，以避免摄入的干物质不足而影响生长和生产。青绿饲料的处理方法有切碎、打浆、闷泡和浸泡、发酵等，这样可以减少浪费，便于采食和咀嚼，提高利用价值，改善适口性，软化纤维素，改善饲料品质。

如果青绿饲料存放时间过长或保管不当，会发霉腐败；在锅内加热或煮熟后焖在锅里过夜，都会使青绿饲料里的亚硝酸盐含量大大增加，此时的青绿饲料不可再饲喂。

二、青贮饲料

青贮饲料是指将青绿多汁饲料切碎、轧短、压实、密封在青贮窖或青贮塔以及塑料袋内，经过乳酸菌发酵而制成的一种味道酸甜、柔软多汁、营养丰富、易于保存的饲料。它保留了植物大部分蛋白质和维生素等绝大多数的营养物质。

(一) 青贮的原理

青贮是在缺氧的环境条件下，让乳酸菌大量繁殖，从而将饲料中的淀粉和可溶性糖变成乳酸；当乳酸积累到一定浓度后，便抑制腐败菌等杂菌的生长，这样就可以把饲料中的养分长时间地保存下来。青贮原料上附着的微生物，可以分为有利于青贮和不利于青贮两大类。有利于青贮的微生物主要是乳酸菌，它的生长繁殖要求厌氧、湿润、有一定数量的糖分；不利于青贮的微生物主要有腐败菌等，它们大部分是好氧和不耐酸的。因此，青贮成败的关键在于能否给乳酸菌创造一个好的生存条件，保证其迅速繁殖，形成有利于乳酸菌发酵的环境和防止有害腐败过程的发生。

乳酸菌的大量繁殖，必须具备以下条件。

1. 青贮原料要有一定的含糖量

青贮原料的含糖量不得少于1%。含糖量高的，如玉米秸秆和禾本科青草等为容易青贮的原料。

2. 原料的含水量要适度

原料的含水量一般以60%～70%为宜。调节含水量的方法：如果含水量高，可加入干草、秸秆等；如果含水量低，可以加入新鲜的嫩草。

测定含水量的方法有搓绞法和手抓测定法。

（1）搓绞法就是在切碎之前，使原料适当凋萎，当植物的茎被搓绞而不至于折断，其柔软的叶子也不出现干燥迹象时，说明原料的含水量正合适。

（2）手抓测定法也叫挤压法，就是取一把切短的原料，用手用力挤压后慢慢松开，注意手中的原料团球状态，若团球散开缓慢，手中见水而不滴水，说明原料的含水量正合适。

3. 温度适宜

青贮饲料的适宜温度一般在 19~37 ℃。

4. 缺氧环境

将原料切短、压实，以利于排出空气。一般要切到 2~3 厘米长，这样容易压实压紧，排出青贮饲料中的空气，为乳酸菌创造适宜的厌氧生活环境。

（二）青贮设施的种类

青贮设施有圆筒状的青贮窖和青贮塔，以及长方形的青贮壕、青贮池等。按照在地平线上、下的位置分，又可以有地下式、半地下式和地上式 3 种。我国大多采用地下式青贮设施，青贮壕或青贮窖等全部建在地下，且要求建在地下水位低和土质坚实的地区，底部和四壁可以修建围墙，并且内表面要用水泥抹平整、光滑，防止漏气和渗水，也可以在底部和四壁裱衬一层塑料薄膜。

总的来说，要求青贮设施不通气、不透水，墙壁要平整光滑，要有一定的深度，能防冻。

（三）青贮原料

常用来作青贮的原料有玉米茎叶、各种牧草、块茎作物等。现在大多用玉米秸秆作原料。在自然状态下，生长期短的玉米秸秆更容易被羊只消化。同一株玉米，上部比下部营养价值高，叶片比茎秆营养价值高。

选择青贮的原料品种和选定适宜的收割时期，对于青贮的质量影响很大。玉米秸秆的青贮，一般用乳熟期或蜡熟期的玉米秸秆作青贮原料。判定玉米乳熟期的方法是在玉米果穗的中部剥下几粒玉米粒，将它纵向剖开，或只是切下玉米粒的尖部，就可以找到靠近尖部的黑层。如果有黑层存在，那就说明玉米粒已经达到生理成熟期，是选择作青贮原料的适宜收割时期；禾本科牧草的收割应选在抽穗期；豆科牧草应选在开花初期。

（四）原料的装填和压实

一旦开始装填青贮原料，速度就要快，以避免原料在装满和密封之前腐败。一般要求在 2 天之内完成。切碎的原料要避免暴晒。青贮设施内应有人将装入的原料混匀耙平。原料要一层一层地铺平。原料的压实，小型青贮设施可以用人力踩踏；大型青贮设施可以将拖拉机或三马车开进去进行压实，之后人员再到边角处，对机器不能压实的地方进行踩踏、压实。利用机械、车辆等碾压时，要注意不要把泥土、油污、金属、石块等带入设施内。另外，在边角处一定要进行人工踩踏，防止存气和漏气。

（五）青贮设施的密封和覆盖

青贮设施中的原料在装满压实后，必须密封和覆盖，目的是避免空气继续与原料接触，从而使得青贮设施内呈现厌氧状态。方法是先在原料的上面覆盖一层细软的青草，草上再盖上一层塑料薄膜，再用 20 厘米左右的细土覆盖密封。顶部要高出地面 0.5 米左右。之后注意观察，如果有下沉的地方，就及时用泥土覆盖好。顶部的四周要挖好排水沟，防止雨水、雪水进入设施内。

（六）青贮饲料的品质鉴定

青贮饲料品质的优劣与青贮原料的种类、刈割时期以及青贮技术、青贮设施等都有密切的关系。青贮饲料质量的优劣，可通过"一闻二看三摸"等综合评定。

1. 闻气味

优质的青贮饲料具有芳香的酒糟味或山楂糕味，酸味浓而不刺鼻，给人以舒适的嗅感，手摸后味道容易洗掉。而品质不好的青贮饲料黏到手上的味道，一次不易洗掉。中等品质的青贮饲料具有刺鼻酸味，芳香味轻，还可以饲喂牲畜，但不适宜饲喂妊娠母畜。品质低劣的青贮饲料，有如厩肥一样的臭味，说明已霉坏变质，这种青贮饲料只能作肥料，不可饲喂羊只。

2. 看颜色

青贮饲料的颜色因所用原料和调制方法的不同而有差异。如果原料新鲜、嫩绿，制成的青贮饲料是青绿色；如果所用原料是农副产品或收获时已部分发黄，则制成的青贮饲料是黄褐色，总的原则是越接近原料的颜色越好。品质好的青贮饲料，颜色一般呈绿色或茶绿色、黄绿色，具有一定光泽；中等品质的呈黄褐色或暗绿色，光泽差；品质低劣的则呈褐色（在高温条件下青贮的饲料呈褐色）或灰黑色，甚至像烂泥一样的深黑色。

3. 摸质地

良好的青贮饲料，压得非常紧密，但拿到手上又很松散，质地柔软、较湿润，茎叶多保持原来状态，茎叶轮廓清楚，叶脉和绒毛清晰可见；相反，青贮饲料黏结成一团，像污泥一样，或者质地软散，或者干燥而粗硬，或者发霉结成干块，说明青贮饲料的品质低劣。

（七）青贮饲料的饲喂

羊能够很好地、很有效地利用青贮饲料。饲喂青贮饲料的羊，可以生长发育得很好，成年羊肥育的速度加快，生长速度加快。

青贮饲料的饲喂量：成年羊每天 3~5 千克；羔羊每天 300~

600 克。一定要注意，饲喂青贮饲料要有一个适应过程，逐渐进行过渡，一般经过 3~5 天的时间，才全部过渡到饲喂青贮饲料。取用青贮饲料方法也要恰当，要逐层取或逐段取，吃多少就取多少，不要一次性取太多，取完之后要遮盖严实，尽量避免多接触空气。

三、粗饲料

粗饲料包括各种青干草、干树叶、作物秸秆、秕壳、藤蔓等，其特点是容积大、水分少（含水量小于 60%）、粗纤维多（大于或等于 18%）、可消化物质少。秸秆适口性差、消化率低，钾的含量高，钙、磷相对较低。在冬、春枯草季节，粗饲料可以作为羊的一种基本饲草。

有条件的地方，可以把各种粗饲料进行混合青贮，这样既能提高这些粗饲料的适口性，又能提高粗饲料的消化率和营养价值。

（一）秸秆的加工调制

秸秆中含有大量的粗纤维，利用率低，经过加工调制以后，可以大大提高秸秆的利用率。在自然状态下，羊对玉米秸秆的消化率仅为 65% 左右。秸秆饲料有下列加工方法。

1. 切短

秸秆切短后，可以减少育肥羊咀嚼时的能量消耗，减少饲料浪费，提高采食量，并有利于改善适口性。切短的长度，一般成年羊要切成 1.5~2.5 厘米，羔羊可更短一些。总的要求是喂给羊的秸秆饲料要尽量切短铡碎。

2. 粉碎

优质秸秆和干草经过适当处理和粉碎后，可以提高消化率。但对于羊来说，粉碎得过细，通过瘤胃的速度会加快，利用率反而会降低。秸秆的切短和粉碎可用粉碎机。

（二）秸秆氨化

秸秆氨化就是在一定的密闭条件下，将氨水、无水氨（液氨）或尿素溶液，按照一定的比例喷洒在作物秸秆等粗饲料上，在常温下经过一定时间的处理，提高秸秆饲用价值的一种方法。经过氨化处理的粗饲料叫氨化饲料。氨化饲料非常适合于山羊。

1. 原理

氨水、无水氨和尿素都是含氮化合物，这些含氮化合物分解而产生氨，氨可以与秸秆中的有机物发生一系列的化学反应，形成铵盐。铵盐是一种非蛋白氮的化合物，正是羊瘤胃里微生物的良好氮素来源。当羊食入含有铵盐的氨化秸秆后，在瘤胃脲酶的作用下，铵盐分解成氨，被瘤胃微生物所利用，并同碳、氮、硫等元素合成氨基酸，然后合成菌体蛋白质，即细菌本身的蛋白质。通过氨化作用，氨化后的秸秆可以代替羊的部分蛋白质饲料，尤其是当蛋白质饲料不足时，效果更明显。

2. 氨化秸秆的优点

经过氨化处理后，秸秆饲料变得比原来柔软，有一种糊香或酸香气味，适口性及应用价值显著提高，并大大降低了粗纤维的含量，提高了饲料的消化率。另外，饲喂的效果好，能有效提高饲料的饲用价值，从而降低饲养成本，为解决饲料资源的短缺提供了一条有效途径。秸秆氨化后，还能增加含氮量和粗蛋白质的含量。

3. 秸秆氨化的处理方法

（1）把秸秆捆成小捆。

（2）底层铺好塑料薄膜，把捆整齐的秸秆层层码放在塑料薄膜上，捆与捆之间最好交错压茬，垛紧。

（3）将全部秸秆码好后，用塑料薄膜封严顶部和四周，把氨水管插入垛内，向内部灌注氨水，再把顶部压紧。

4. 氨水用量及氨化处理的温度与时间

氨水的量占干物质的 1.0%~2.5%。氨化处理的温度和时间：5 ℃以下，处理 8 周以上；5~15 ℃，4~8 周；15~30 ℃，1~4 周；30 ℃以上，1 周；45 ℃时，3~7 天。

（三）秸秆碱化

碱可以将纤维素、半纤维素和木质素分解，并使它们分离，引起细胞壁膨胀，最后使细胞纤维结构失去坚硬性，变得疏松。秸秆经过碱化后渗透性增加，可使羊的消化液和瘤胃微生物直接与纤维素和半纤维素接触，在纤维素酶的参与和作用下，使纤维素和半纤维素分解，被羊消化利用。

一般方法是将秸秆切短后，用含有 2%~3%的生石灰溶液浸泡 5~10 分钟，捞出放置 24 小时后即可用来喂羊。处理后的秸秆，消化率显著提高。经 1%生石灰水处理后的麦秸，有机物的消化率提高 20%，粗纤维的消化率提高 22%，无氮浸出物的消化率提高 17%，还能增加采食量和补充钙质。

（四）秸秆微贮

秸秆微贮是近年来发展起来的一项新的饲草处理技术，具有成本低、效益高、适口性好、资源广、保存期长等优点。主要是用玉米秸、麦秸或杂草进行微贮。试验证明，这项技术可提高秸秆粗蛋白质的含量，是各类型羊在冬、春季枯草期的较好饲料。秸秆微贮的处理方法及步骤如下。

（1）将玉米秸或麦秸切碎，其长度以 1.5~2.0 厘米为宜。

（2）复活菌种。将小袋菌种在常温下溶于 200 毫升浓度为 1%的砂糖液中，放置 2 小时。

（3）将复活好的菌液加入生理盐水中混匀。

（4）将切碎的秸秆铺放在窖内，厚度约 10~20 厘米，然后均匀洒入菌液。

（5）压实，使原料保持 65%~70% 的水分。

（6）薄薄撒上一层玉米粉或麦麸，促进发酵。

重复上述过程，直至碎秸秆压入量高出窖口 20~40 厘米；再压实，每平方米面积撒 250 克盐（防发霉），最后用塑料薄膜覆盖密封。一般在外界气温 20 ℃左右时，大约 1 个月即可开窖饲喂。发臭或有霉味的，不要饲喂，以防中毒。

四、多汁饲料

多汁饲料包括块根、块茎、瓜类、蔬菜等。多汁饲料水分含量高、干物质含量低、蛋白质含量低、粗纤维含量低、维生素含量高。多汁饲料质脆鲜美、消化率高、营养价值高、储存期长、适口性好，是种公羊、产奶母羊在冬、春季不可缺少的饲料。多汁饲料也可制成青贮饲料或晒干，以冬、春季饲喂最佳。

五、精饲料

精饲料主要是禾本科和豆科作物的籽实以及粮油加工副产品，如玉米、小麦、大麦、高粱、大豆、豌豆以及麸皮、豆饼、粉渣、豆腐渣等。

精饲料具有营养物质含量高、体积小、水分少、粗纤维含量低和消化率高等优点，是羔羊、泌乳期母羊、种公羊及高产羊的必需饲料。精饲料的加工有以下方法。

（一）粉碎和压扁

1. 粉碎

精饲料经过粉碎后饲喂，可以增加饲料与消化液的接触面积，有利于消化。如大麦有机物质的消化率在整粒、粗磨、细磨的情况下分别为 67.1%、80.6%、84.6%，差别很大。

2. 压扁

将玉米、大麦、高粱等去皮、加水，将水分调节到 15% ~ 20%，用蒸汽加热到 120 ℃左右，再用辊压机压成片状后，干燥冷却，即成压扁饲料。压扁饲料也可以明显提高消化率。

（二）湿润和浸泡

籽实类饲料经水浸泡后，膨胀柔软，容易咀嚼，便于消化。有些饲料含有鞣质、皂角苷等微毒性物质，并具有异味，浸泡后毒性和异味会减轻，从而提高适口性和可利用性。如高粱中含有鞣质，有苦味，在调制配合饲料时，色深的高粱只能加到 10%。浸泡一般用凉水，料水比为（1∶1）~（1∶5），浸泡时间随着季节以及饲料种类而异，豆科籽实在夏季浸泡的时间要短，以防饲料变质。

（三）蒸煮和焙炒

1. 蒸煮

豆科籽实经过蒸煮可以提高营养价值。如大豆经过适当湿热处理，可以破坏其中的抗胰蛋白酶，提高消化率。豆饼类或豆腐渣中含有抗胰蛋白酶、红细胞凝集素、皂角苷等有害物质，有"豆腥味"，影响饲料的适口性和消化率。但这些物质不耐热，在适当水分条件下加热即可分解，有害作用就可消失，但如果加热过度，会降低部分氨基酸的活性甚至破坏氨基酸。

2. 焙炒

禾本科籽实经过焙炒后，一部分淀粉转变成糊精，从而提高淀粉的利用率，还可以消除有毒物质、杂菌和害虫以及害虫虫卵，使饲料变得香脆、适口。

另外，油饼类饲料中含有硫酸基较多，硫酸基是形成羊毛的原料，常饲喂油饼类饲料，可促进羊毛生长和提高羊毛产量。

（四）制粒

将饲料原料粉碎后，根据羊的营养需要，按一定的配合比例在混料机中充分混合，用颗粒饲料机挤压成一定大小的颗粒形状。颗粒饲料的营养价值全面，可以直接拿来喂羊。颗粒饲料常为圆柱形，直径 2~3 毫米，长 8~10 毫米。

六、无机盐饲料

无机盐饲料不含蛋白质和能量，只含无机元素，能补充日粮中无机元素的不足，加强羊的消化和神经系统（器官）功能。这类饲料主要有食盐、骨粉、贝壳粉、石灰石、磷酸钙、碳酸钙以及各种微量元素添加剂等。无机盐饲料一般用作添加剂，除食盐外，很少单独饲喂，饲喂时要与其他饲料混合使用，混合时要注意混合均匀，可以使用饲料搅拌机搅拌均匀，以避免造成有的羊吃到的量多，有的羊吃到的量少。食盐摄入过量会引起食盐中毒。

七、蛋白质饲料

蛋白质饲料是指粗纤维含量低于 18%、粗蛋白质含量为 20% 以上的饲料，如豆类、饼（粕）类、动物性饲料及其他。蛋白质饲料在精饲料补充中一般占 20%~30%。蛋白质饲料主要包括植物性蛋白饲料、动物性蛋白饲料、单细胞蛋白饲料和非蛋白氮饲料，其中单细胞蛋白饲料和非蛋白氮饲料也被称作特种饲料。

植物性蛋白饲料，以豆科籽实、饼（粕）类和糟渣类（酒糟、豆腐渣、粉渣、白薯渣等）最为常用。

动物性蛋白饲料有鱼粉、肉骨粉、血粉、羽毛粉、脱脂奶、乳清等。除了乳品外，其他种类含蛋白质为 55%~84%，不仅含量高，而且品质好。这类饲料含糖类少，几乎不含粗纤维。如鱼粉含钙 5.44%、磷 3.44%，维生素含量较高，正是泌乳期的母羊和育肥期的羊都大量需要的。

八、特种饲料

特种饲料是指经过特殊调制获得的饲料，包括颗粒饲料、磷酸脲、尿素、氨基酸等人工培养或化学合成的饲料。这类饲料体积小、营养价值高、效能高，主要是为了补充日粮中某些营养的不足或调整机体代谢。

（一）尿素

尿素只适用于瘤胃发育完全的羊，其只是作为瘤胃微生物合成蛋白质所需的氮源，而微生物在经过羊小肠时被分解、吸收。纯尿素中含46%的氮，如全部被微生物合成蛋白质，1千克尿素相当于7千克豆饼所含蛋白质的营养价值。

1. 尿素的用量

一般按羊体重的0.02%～0.05%供给，占日粮中粗蛋白质的25%～30%，6月龄以上的羊每只每日饲喂8～12克，成年羊每只每日饲喂13～18克。

2. 尿素的饲喂方法

尿素的吸湿性大，易溶解于水而分解成氨，所以不能单独饲喂或溶解于水中饲喂，应与精饲料或饲草拌匀后再喂。饲喂后不可立即饮水，以免尿素直接进入皱胃而引起中毒，要每日分2～3次饲喂。同时供给足够量的可溶性糖类、无机盐饲料，才能使羊很好地利用尿素。饲喂尿素时，要与饲料拌匀，不可和含油脂多的豆饼混合饲喂。

饲喂时一定要掌握好尿素的量，并且不能单独喂或溶解于水中喂。同时饲喂尿素还要有一个过渡和适应过程，否则可能发生尿素中毒或导致羊不爱吃，甚至拒绝采食。

3. 饲喂尿素的注意事项

（1）饲喂尿素时，日粮中蛋白质含量不宜过高。

（2）尿素不能代替全部粗蛋白质饲料。饲喂尿素时如能另外补充一些蛋氨酸或硫酸盐，效果会更好。日粮中配合适量的硫与磷，能提高尿素的利用率。

（3）羊对尿素的适应期不应少于7天，习惯之后要连续饲喂效果才好，因为微生物对尿素的利用有个适应过程，中间不宜中断。

（4）处于饥饿状态下的羊，不要立即饲喂尿素。

（5）食入过量尿素（包括由于搅拌不匀而食入过多）时，会发生尿素中毒，一般发生在食后 0.5~1 小时。中毒症状轻者食欲减退，精神不振；重者运动失调，四肢抽搐，全身颤抖，呼吸困难，瘤胃臌气。如不及时治疗，重者在 2~3 小时内死亡。解毒办法是灌服凉水，使瘤胃液温度下降，从而抑制尿素的溶解，使氨的浓度下降。也可灌服 5% 的醋酸溶液或一定量食醋，中和胃液的 pH 值。还可以灌服酸奶，再喂糖浆或糖溶液，效果更好。

（二）氨基酸

氨基酸饲料主要用作羊的添加剂。目前调整氨基酸比例的方法主要是靠氨基酸饲料。植物性饲料中缺乏蛋氨酸与赖氨酸，而动物性饲料中含量较多，因此当羊在冬、春季严重缺乏氨基酸时，增补一些动物性饲料是必要的。

（三）颗粒饲料

颗粒饲料是把粗饲料、精饲料、加工副产品等粉碎后，再加上必要的无机盐，如食盐、骨粉、微量元素、维生素等，用颗粒饲料机压制而成的饲料。

1. 颗粒饲料的优点

将适口性差的饲料混合起来，制成颗粒饲料，喂给羊只，可减少饲料的浪费；所含营养成分全面平衡；饲喂方便，节省劳力；节省储存饲料的场所和占地面积，其占地面积仅为散装粗饲料占地面积的 1/5 ~ 1/3；便于运输。

2. 颗粒饲料的缺点

加工费用高，要购买颗粒饲料机。目前，我国已生产出多种型号的颗粒饲料机供养羊户选用。

（四）磷酸脲

磷酸脲是一种新型、安全、有效的非蛋白氮饲料添加剂，可为羊等反刍家畜补充氮、磷，以在瘤胃中合成微生物蛋白质。磷酸脲在瘤胃内的水解速度显著低于尿素，能促进羊的生理代谢及其对氮、钙、磷的吸收利用。

第三节 全混合日粮（TMR）饲喂技术

全混合日粮（TMR）饲喂技术，是指根据肉羊不同生理阶段或饲养阶段的营养需要，把切短的粗饲料、青贮饲料、精饲料以及各种饲料添加剂进行科学配比，经饲料搅拌机充分混合后得到一种营养相对平衡的全价日粮，直接供羊自由采食的饲养技术。该技术适合于较大规模的肉羊场，但小型肉羊场（户）一般可采用简易饲料搅拌机将各种饲料原料混合后直接饲喂的方法，也可取得较好的饲喂效果。

一、合理划分饲喂群体

为保证不同阶段、不同体况的肉羊获得相应的营养需要。防止营养过剩或不足，便于饲喂与管理，必须分群饲喂。分群管理是使用 TMR 饲喂方式的前提，理论上羊群分得越细越好，但考虑到生产中的可操作性，建议如下。

对于大型的自繁自养肉羊场，应根据生理阶段划分为种公羊及后备公羊群、空怀期及妊娠早期母羊群、泌乳期母羊、断奶羔羊及育成羊群等群体。其中，哺乳后期的母羊，因为产奶量降低和羔羊早期补饲采食量加大等原因，应适时归入空怀期母羊群。对于集中育肥羊场，可按照饲养阶段划分为前期、中期和后期等羊群。对于小型肉羊场，可减少分群数量，直接分为公羊群、母羊群、育成羊群等。饲养效果的调整可通过喂料量控制。

二、科学设计饲料配方

根据羊场实际情况，考虑所处生理阶段、年龄胎次、体况体型、饲料资源等因素合理设计饲料配方。同时，结合各种群体的大小，尽可能设计出多种 TMR 日粮配方，并且每月调整 1 次。设计饲料配方时采用的计算方法分手工计算法和计算机优化饲料配方设计两种。

(一) 手工计算法

手工计算法包括交叉法、方程组法和试差法 3 种，可以借助计算器计算。配方计算技术是近代应用数学与动物营养学相结合的产物，也是饲料配方的常规计算方法，简单易学，可充分体现设计者的意图。设计过程清楚，但需要一定的实践经验，计算过程复杂，且不易筛选出最佳方案。手工计算法适合在饲料品种少的情况下使用。目前我国广大农村养羊适合该种方法。

手工计算法设计饲料配方的基本步骤如下。

(1) 查看肉羊的饲养标准，根据其性别、年龄、体重等情况查出其营养需要量（如泌乳山羊，包括维持需要和产奶需要，故要确定其总的养分需要量）。

(2) 查看肉羊常用饲料营养成分和营养价值表。有条件的地方，最好使用实测的原料养分含量值，这样可减少误差。

(3) 根据日粮精粗比，计算或设定肉羊每日青、粗饲料的数量，并计算出青、粗饲料所提供的营养成分的数量。通常给予占羊体重1%～3%的粗饲料（干草）或相当于干草干物质的青贮饲料。一般每3千克的青贮饲料可代替1千克的干草。

（4）与饲养标准相比较，确定应由精饲料补充料提供的干物质及其养分数量。

（5）精饲料补充料的配制。在确定由精饲料补充料应提供的养分数量后，选择好精饲料原料，草拟精饲料配方，用手工计算法或借助计算工具检查、调整精饲料配方，直到与标准相符合。

（6）钙、磷可用矿物质饲料来补充，食盐可另外添加，根据实际需要，再确定添加剂的添加量。最后将所有饲料原料提供的各种养分进行综合，与饲养标准相比较，并调整到与其基本一致（范围在±5%）。

（7）列出羊的日粮配方和所提供的营养水平，并附以精饲料补充料配方。

（二）计算机优化饲料配方设计

主要是根据有关数学模型编制专门程序软件进行饲料配方的优化设计。涉及的数学模型主要包括线性规划、多目标规划等。应用这些方法获得的配方也称优化配方或最低成本配方，需要大量的运算，手工计算无法胜任，需要电子计算机来进行配方设计。

三、TMR 搅拌机的选择

在 TMR 饲养技术中能否对全部日粮进行彻底混合是非常关键的，因此，肉羊场应具备能够进行彻底混合的饲料搅拌设备。

TMR 搅拌机容积的选择：一是应根据肉羊场的建筑结构、喂料道的宽窄、圈舍高度和入口等来确定合适的 TMR 搅拌机容量；根据羊群大小、干物质采食量、日粮种类（容重）、每天的饲喂次数以及混合机充满度等选择混合机的容积大小。通常 5~7 米³ 搅拌车可供 500~3 000 只饲养规模的羊场使用。

TMR 搅拌机机型的选择：TMR 搅拌机分立式、卧式、自走式、牵引式和固定式等机型。通常立式机要优于卧式机，表现在草捆和长草无须另外加工；混合均匀度高，能保证足够的长纤维刺激瘤胃反刍和唾液分泌；搅拌罐内无剩料，卧式机剩料难清除，影响下次饲喂效果；机器维修方便，只需每年更换刀片；使用寿命较长。

四、填料顺序和混合时间

饲料原料的投放次序影响搅拌的均匀度。一般投放原则为先长后短，先干后湿，先轻后重。添加顺序为精饲料、干草、农副饲料、全棉籽、青贮、湿糟类等。不同类型的混合搅拌机采用不同的次序，如果是立式机应将精饲料和干草添加顺序颠倒。根据混合均匀度决定混合时间。一般在最后一批原料添加完毕后再搅拌 5~8 分钟即可。若有长草要铡切，需要先投干草进行铡切后再继续投其他原料。干草也可以预先切短再投入。搅拌时间太短，原料混合不匀；搅拌时间过长，有效纤维不足，使瘤胃 pH 值降低，造成营养代谢病。

五、物料含水率的要求

TMR 日粮的含水率要求在 45%~55%。当原料水分偏低时，需要额外加水；若过干（含水率<35%），饲料颗粒易分离，造成挑食；过湿（含水率>55%）则降低干物质采食量（TMR 日粮含水率每高出 1%，干物质采食量下降幅度为体重的 0.02%），并有可能导致日粮的消化率下降。含水率至少每周检测一次。简易测定含水率的方法是用手握住一把 TMR 饲料，松开后若饲料缓慢散开，丢掉料团后手掌残留料渣，说明含水率适当；若饲料抱团或散开太慢，说明含水率偏高；若散开速度快且掌心几乎没有残留料渣，则含水率偏低。

六、饲喂方法

每天饲喂 3~4 次，冬季可以只喂 3 次。保证饲槽中 24 小时都有新鲜料（不得多于 3 小时的空槽），并及时将肉羊拱开的日粮推向肉羊，以保证肉羊的日粮干物质采食量最大化，24 小时内将饲料推回饲槽中 5~6 次，以鼓励采食并减少挑食。

七、TMR 的观察和调整

日粮放到饲槽后一定要随时观察羊群的采食情况，采食前后的 TMR 日粮在饲槽中应该基本一致。即要保证采食后的剩料用颗粒分离筛的检测结果与采食前的检测结果差值不超过 10%。反之则说明肉羊在挑食，严重时饲槽中出现"挖洞"现象，即肉羊挑食精饲料，粗饲料剩余较多。其原因之一是饲料中水分过低，造成草料分离。另外，TMR 制作颗粒度不均匀，干草过长也易造成草料分离。挑食使肉羊摄入的饲料精粗比例失调，会影响瘤胃内环境平衡，造成酸中毒。一般肉羊每天剩料应该以占到每日添加量的 3%~5% 为宜。剩料太少说明肉羊可能没有吃饱，太多则造成浪费。为保证日粮的精粗比例稳定，维持瘤胃稳定的内环境，在调整日粮的供给量时最好按照日粮配方的头日量按比例进行增减，当肉羊的实际采食量增减幅度超过日粮设计给量的10% 时就需要对日粮配方进行调整。

第五章 肉羊的饲养管理技术

第一节 繁殖母羊的饲养管理

加强繁殖母羊的饲养管理是发展羊群、改善品质和提高效益的关键。按生理阶段来分,繁殖母羊可分为空怀期、妊娠期和哺乳期。

一、空怀期的饲养管理

繁殖母羊空怀期是指从羔羊断奶到母羊再次配种前的时期,大约3个月。这一阶段的营养状况对母羊的发情、配种、受胎以及以后的胎儿发育都有很大关系。饲养管理的重点是抓膘复壮,体况恢复到中等以上,以利配种。

母羊空怀期因产羔季节不同而不同。羊的配种季节大多集中在每年的5—6月和9—11月。常年发情的品种也存在一定季节性,春季和秋季为发情配种旺季。空怀期的饲养任务是尽快使母羊恢复中等以上体况,以利配种。中等以上体况的母羊发情期受胎率可达到80%~85%,而体况差的只有65%~75%。因此,哺乳母羊应根据其体况进行适当加强日粮的营养改善,进行短期优饲,适时对羔羊早期断奶,尽快使母羊恢复体况。

对于没有妊娠和泌乳负担且膘情正常的成年母羊,进行维持饲养即可。通常一只体重40千克的母羊,每日青干草供给量

1.5~2 千克，青贮饲料 0.5 千克。日粮中粗蛋白质含量需求为130~140 克，不必饲喂精饲料。如粗饲料品质差，每日可补饲0.2 千克精饲料。母羊体重每增加 10 千克，饲料供给量应增加15%左右，保证不同生长阶段母羊身体的营养需求，保持中等膘情。

配种前 45 天开始给予短期优饲，可以使母羊尽快恢复膘情，尽早发情配种，也有利于母羊多排卵，提高多羔率。配种前 3 周可适当服用维生素 A、维生素 D 和维生素 E。有一部分母羊在哺乳期能够发情，因此应在产羔后 1 个月左右开始利用试情公羊进行试情，同时也可刺激母羊尽快发情。

另外，空怀母羊的疫苗接种和驱虫工作应安排在配种前 1~2个月完成，减少疾病的发生。

总之，在配种前期和配种期，加强空怀期母羊的饲养管理，是提高母羊受胎率和多羔率的有效措施。

二、妊娠前期的饲养管理

母羊妊娠期为 5 个月，前 3 个月为妊娠前期，后 2 个月为妊娠后期。

（一）妊娠前期的饲养管理

妊娠前期胎儿在母体中发育较慢，只占初生重的 10% ~20%，但做好该阶段的饲养管理，对保证胎儿正常生长发育和提高母羊繁殖力起着关键性作用。

母羊在配种 14 天后，开始用试情公羊进行试情，观察是否返情，初步判断受孕情况；45 天后可用超声波进行妊娠诊断，较准确地判断受孕情况，及时对未受孕羊进行试情补配，提高母羊利用率。

母羊妊娠 1 个月左右，受精卵在附植未形成胎盘之前，很容易受外界饲喂条件的影响。喂给母羊变质、发霉或有毒的饲料，容易引起胚胎早期死亡；母羊的日粮营养不全面，缺乏蛋白质、维生素和矿物质等，也可能引起受精卵中途停止发育，所以母羊妊娠1个月左右是饲养管理的关键时期。此时胎儿尚小，母羊所需的营养物质虽要求不高，但必须相对全面，在青草季节，一般来说母羊采食幼嫩牧草能达到饱腹即可满足其营养需要，但在秋后、冬季和早春，多数养殖户以晒干草和农作物秸秆等粗饲料饲喂母羊，由于采食饲草中营养物质的局限性，则应根据母羊的营养状况适当地补喂精饲料增加营养。

（二）妊娠后期的饲养管理

妊娠后期胎儿在母体内生长发育迅速，90%的初生重是在这一时期长成的，胎儿的骨骼、肌肉、皮肤和内脏各器官生长很快，所需要的营养物质多、质量高。如果母羊妊娠后期营养不足，胎儿发育就会受到很大影响，导致羔羊初生重小、抵抗力差、成活率低。

妊娠后期，一般母羊体重要增加7~8千克，其物质代谢和能量代谢比空怀期的母羊高30%~40%。为了满足妊娠后期母羊的生理需要，舍饲母羊应增加营养平衡的精饲料。这个时期，母羊的营养一定要全价。若营养不足，会出现流产的现象，即使妊娠期满生产，初生羔羊也往往跟早产胎儿一样，会因为发育不健全、生理调节机能差、抵抗能力弱导致死亡；母羊会造成分娩衰竭、产后缺奶。若营养过剩，会造成母羊过肥，容易出现食欲缺乏，反而使胎儿营养不良。所以，这一时期应当注意补饲蛋白质、维生素、矿物质丰富的饲料，如青干草、豆饼、胡萝卜等。临产前3天，做好接羔出生的准备工作。

妊娠期的母羊除了需要提供适当的营养外，还应加强管理。舍饲母羊日常活动要以"慢、稳"为主，饲养密度不宜过大，要防拥挤、防跳沟、防惊群、防滑倒，不能吃霉变饲料和冰冻饲料，不饮冰碴水，以免引起消化不良、中毒和流产。羊舍要干净卫生，应保持温暖、干燥、通风良好。母羊在预产期前1周左右，可放入待产圈内饲养，适当进行运动，为生产作准备。在日常管理中禁止惊吓、急跑等剧烈动作，特别是在出入圈门或采食时，要防止相互拥挤。

母羊在妊娠后期不宜进行防疫注射。羔羊痢疾严重的羊场，可在产前14~21天，接种一次羔羊痢疾菌苗或五联苗，提高母羊抗体水平，使新生羔获得足够的母源抗体。

三、哺乳期的饲养管理

哺乳期为2.5~3个月。

产房注意保暖，温度一般在5℃以上，严防贼风，以防患感冒、风湿等疾病。母羊产羔后应立即把胎衣、粪便、分娩污染的垫草及地面等清理干净，更换上清洁干软的垫草。用温肥皂水擦洗母羊后躯、尾部、乳房等被污染的部分，再用高锰酸钾消毒液清洗1次，擦干。要经常检查母羊乳房，如发现有奶孔闭塞、乳房发炎、化脓或乳汁过多等情况，要及时采取相应措施。

母羊产后休息半小时，应饮喂1份红糖、5份麸皮、20份水配比的红糖麸皮水。之后喂些易消化的优质干草，注意保暖。5天后逐渐增加精饲料和多汁饲料的喂量，15天后恢复到正常饲养方法。

母羊产后身体虚弱，补喂的饲料要营养价值高、易消化，使母羊尽快恢复健康和有充足的乳汁。泌乳初期主要保证其泌乳机能正常，细心观察和护理母羊及羔羊。对产羔多的母羊更要加强护理，多喂些优质青干草和混合饲料。泌乳盛期一般在产后30~45天，母羊体内储存的各种养分不断减少，体重也有所下降。

在这个阶段，饲养条件对泌乳量有很大影响，应给予母羊最优越的饲养条件，增加精饲料喂量，日粮水平的高低可根据泌乳量的多少进行调整，通常每天每只母羊补喂多汁饲料 2 千克，全价精饲料 600~800 克。泌乳后期要逐渐降低营养水平，控制混合饲料的喂量。

哺乳母羊的圈舍必须经常打扫，以保持清洁干燥，对胎衣、毛团、塑料布、石块、烂草等要及时扫除，以免羔羊舔食而引起疫病。

在生产中，有的母羊产羔断奶后一年都没有配种妊娠，这样无疑增加了饲养成本。产后不发情原因是多种的，有可能是因为发情表现不明显或者有生殖障碍，因此需要对产羔断奶母羊进行实时监控，密切注意产后发情情况，要对所有产后断奶母羊了如指掌，这样才能及时发现产后不发情和屡配不孕的羊，对没有及时发情的母羊要进行检查，采取人为干预措施促使其发情，对于人为干预无效的母羊可以考虑淘汰育肥；对配种过的羊要观察配种后前两三个发情期是否返情，如果对配种后的羊没有动态实时监测，很容易错过或没有发现返情，耽误配种妊娠。

第二节　羔羊的饲养管理

羔羊是指从出生到断奶（哺乳期）的幼龄羊。一般在 2~3 月龄断奶，也可根据羔羊体重酌情处理，一般体重在 20 千克以上即可断奶。羔羊出生后，体质弱、抵抗力低、适应能力差、容易生病。做好羔羊护理是提高羔羊成活率的关键。

一、羔羊出生前的准备工作

（一）棚舍准备

产羔工作开始前 3～5 天，必须对接羔棚舍、运动场、饲草架、饲槽、分娩栏等进行修理和清扫，并用 3%～5%氢氧化钠溶液或 10%～20%石灰乳溶液进行比较彻底的消毒。消毒后的接羔棚舍，应当做到地面干燥、空气新鲜、光线充足、挡风御寒。

（二）产羔栏

接羔棚舍内可分大、小两处，大的一处放经产母仔群，小的一处放初产母仔群。运动场内亦应分成两处，一处圈母仔群，羔羊小时，白天可留在这里，羔羊稍大时，供母仔夜间休息；另一处圈待产母羊群。

（三）饲草、饲料的准备

在牧区，从牧草返青时开始，在接羔棚舍附近，于避风、向阳、靠近水源的地方，用土墙、草坯或铁丝网围起来，作为产羔用草地，其面积大小可根据产草量、牧草的植物学组成，以及羊群的大小、羊群品质等因素决定，但至少以够产羔母羊 1 个半月的放牧为宜。

有条件的肉羊场及农、牧民饲养户，应当为冬季产羔的母羊准备充足的青干草、质地优良的农作物秸秆、多汁饲料和适当的精饲料等，对春季产羔的母羊也应当准备至少可以舍饲 15 天所需要的饲草、饲料。

二、羔羊的科学饲养

（一）尽快吃上初乳

羔羊出生后要尽快吃上初乳。最理想的情况应该是羔羊在出生后 2 小时内吃到初乳，最迟应在出生后 6 小时内饲喂初乳。母羊产后 5 天以内的乳叫初乳，初乳中含有丰富的蛋白质（17%~23%）、脂肪（9%~16%）等营养物质和抗体，具有营养、抗病和轻泻作用。羔羊及时吃到初乳，对增强体质，抵抗疾病和排出胎粪具有很重要的作用。因此，应让初生羔羊尽量早吃、多吃初乳，吃得越早、吃得越多，增重越快、体质越强、发病少、成活率高。

（二）羔羊要早开食、早开料

羔羊在出生后 10 天左右就有采食饲料和饲草的行为。为促进羔羊瘤胃发育和锻炼羔羊的采食能力，在羔羊出生 15 天后应开始训练羔羊采食。将羔羊单独分出来组成一群，在饲槽内加入粉碎后的高营养、容易消化吸收的混合饲料和饲草。在饲喂过程中，要少喂勤添、定时定量、先精后粗。补草补料结束后，将饲槽内剩余的草料喂给母羊，把饲槽打扫干净，并将饲槽翻扣，防止羔羊卧在饲槽内或将粪尿排在饲槽内。

（三）羔羊哺乳后期

当羔羊出生 2 个月后，由于母羊泌乳量逐渐下降，即使加强补饲，也不会明显增加产奶量。同时，由于羔羊前期已补饲草料，瘤胃发育及机能逐渐完善，能大量采食草料，饲养重点可转入羔羊饲养，每日补喂混合精饲料 200~250 克，自由采食青干草。要求饲料中粗蛋白质含量为 13%~15%。不可给公羔饲喂大量麸皮，否则会引发尿道结石。

在哺乳期要保持羊舍干燥清洁，经常垫铺褥草或干土，羔羊运动场和补饲场也要每天清扫，防止羔羊啃食粪土和散乱羊毛而发病。舍内温度以保持在 5 ℃左右为宜。

（四）适当运动

羔羊适当运动，可增强体质，提高抗病力。羔羊出生后在圈内饲养 5~7 天可以将其赶到日光充足的地方自由活动，初晒

0.5~1 小时，以后逐渐增加，3 周后可随母羊放牧，开始走近些，选择地势平坦、背风向阳、牧草好的地方放牧。以后逐渐增加放牧距离，母仔同牧时走得要慢，羔羊不恋群，注意不要丢羔。30 天后，羔羊可编群放牧，放牧时间可随羔羊日龄的增加逐渐增加。不要去低湿、松软的牧地放牧，羔羊舔啃松土易得胃肠病，在低湿地易得寄生虫病。放牧时注意从小就训练羔羊听从口令。

（五）断奶

羔羊一般在 3.5~4 月龄采取一次性断奶，断奶后的羔羊可按性别、体质强弱、个体大小分群饲养。在断奶前 1 周，对母羊要减少精饲料和多汁饲料的供给量，以防止乳房炎的发生。断奶后的羔羊，要单独组群放牧育肥或舍饲肥育，要选择水草条件好的草场进行野营放牧，突击抓膘。羊舍要求每天通风良好，冬天保暖防寒，保持清洁，净化环境，经常消毒。

第三节　育成羊的饲养管理

育成羊是指从断奶至第一次配种的公、母幼龄羊（3~18 月龄）。这一阶段是羊骨骼和器官充分发育的时期，如果营养跟不上，便会影响其生长发育、体质、采食量和将来的繁殖能力。加强培育，可以增大体格，促进器官的发育，对将来提高肉用能力、增强繁殖性能具有重要作用。

一、育成羊的选种

选择适宜的育成羊留作种用是羊群质量提升的重要手段，生产中经常在育成期对羊只进行选择，把种类特性优秀、高产、种用价值高的公羊和母羊选出来留作繁衍，不契合要求的或使用不完的公羊则转为商品消费用。生产中常用的选种办法是，依据羊自身的体形外貌、生产成绩进行选择，辅以系谱检查和后代测定。

二、育成羊的培育

断奶以后，羔羊按性别、大小、强弱分群，增强补饲，按饲养规范采取不同的饲养计划，按月抽测体重，依据增重状况调整饲养计划。羔羊在断奶组群放牧后，仍需继续补喂精饲料，补饲量要依据牧草状况决定。

三、育成羊的营养

在枯草期，特别是第一个越冬期，育成羊还处于生长发育时期，而此时饲草枯槁、营养质量低劣，加之冬季时间长、气候冷、风大，耗费能量较多，需要摄取大量的营养物质才能抵御冰冷的侵袭，保证生长发育，所以必须增强补饲。在枯草期，除坚持放牧外，还要保证有足够的青干草和青贮饲料。精饲料的补饲量应视草场情况及补饲粗饲料状况而定，一般每天喂混合精饲料0.2~0.5千克。由于公羊普遍生长发育快、营养需求多，所以公羊要比母羊多喂些精饲料，同时还应留意对育成羊补饲矿物质如钙、磷、盐及维生素 A、维生素 D。

四、育成羊的管理

刚断奶组群后的育成羊，正处在早期发育阶段，这一时期是育成羊生长发育最旺盛时期，这时正值夏季青草期。在青草期应充分应用青绿饲料，由于其营养丰富全面，十分有利于促进羊体消化器官的发育，能够培育出个体大、身腰长、肌肉匀称、胸围圆大、肋骨之间间隔较宽、整个内脏器官健旺，而且具备各类型羊典型外貌特征的优质羊。因而夏季青草期应以放牧为主，并进行少量补饲。放牧时要留意锻炼头羊，控制好羊群，不要养成好游走、挑好草的不良习性。放牧间隔不可过长。在春季由舍饲向青草期过渡时，正值北方牧草返青时期，应控制育成羊跑青。放牧要采取先阴后阳（先吃枯草树叶后吃青草），控制游走，增加采食青草时间。

丰富的营养和充足的运动，可使青年羊胸部宽广、心肺发达、体质强壮。断奶后至 8 月龄，每日在吃足优质干草的基础上，补饲含可消化粗蛋白质 15% 的精饲料 250~300 克。如果草质优良也可以少给精饲料。舍饲的育成羊，若有质量优秀的豆科干草，其日粮中精饲料的粗蛋白质以 12%~13% 为宜。若干草质量普通，可将精饲料粗蛋白质的含量提高到 16%。混合精饲料中能量以不低于整个日粮能量的 70%~75% 为宜。

第四节　种公羊的饲养管理

种公羊饲养得好坏，与肉羊羊群品质、生产繁殖性能的高低关系很大，种公羊在羊群中的数量少，但种用价值高。对种公羊必须精心饲养管理，要求常年保持中上等膘情、健壮的体质、充沛的精力，以保证优质的精液品质，提高种公羊的利用率。

一、种公羊的科学饲养

（一）种公羊的日粮需要

种公羊的饲料要求营养价值高，有足量的蛋白质、维生素和矿物质，且易消化，适口性好，保证饲料的多样性及较高的能量和粗蛋白质含量。在种公羊的饲料中要合理搭配精、粗饲料，尽可能保证青绿多汁饲料、矿物质、维生素能均衡供给，种公羊的日粮体积不宜过大，以避免形成"草腹"，造成种公羊过肥而影响配种能力。夏季补以半数青割草，冬季补以适量青贮饲料，日粮营养不足时，补充混合精饲料。精饲料中不可多用玉米或大麦，可多用麸皮、豌豆、大豆或饼渣类补充蛋白质。配种任务繁重的优秀种公羊可补动物性饲料。补饲定额依据种公羊体重、膘情与采精次数而定，另外，保证充足干净的饮水，饲料切勿发霉变质。钙磷比例要合理，以防产生尿路结石。

（二）圈舍要求

种公羊舍要宽敞坚固，保持圈舍清洁干燥，定期消毒，尽量离母羊舍远些。舍饲时要单圈饲养，防止角斗消耗体力或受伤；在放牧时要公母分开，有利于种公羊保持旺盛的配种能力，切忌公母混群放牧，造成早配和乱配。控制羊舍的湿度，不论气温高低，相对湿度过高都不利于家畜身体健康，也不利于精子的正常生成和发育，从而使母羊受胎率低或不能受孕。另外要防止高温，高温不仅影响种公羊的性器官发育、性欲和睾酮水平，而且影响射精量、精子数、精子活力和密度等。夏季气候炎热，要特别注意种公羊的防暑降温，为其创造凉爽的条件，增喂青绿饲料，多给饮水。

（三）适当运动

在补饲的同时，要加强放牧，适当增加运动，以增强种公羊体质和提高精子活力。放牧和运动要单独组群，放牧时距母羊群尽量远些，并尽可能防止种公羊间互相斗殴，种公羊的运动和放牧要求定时间、定距离、定速度。饲养人员要定时驱赶种公羊运动，舍饲种公羊每天运动4小时左右（早、晚各2小时），以保持旺盛的精力。

（四）配种适度

种公羊配种采精要适度。一般1只种公羊可承担30~50只母羊的配种任务。种公羊配种前 1~1.5 个月开始采精，同时检查精液品质。开始一周采精 1 次，以后增加到一周 2 次，到配种时每天可采 1~2 次，连配 2~3 天，休息 1 天为宜，个别配种能力特别强的公羊每日配种或采精也不宜超过 3 次。公羊在采精前不宜吃得过饱。在非繁殖季节，应让种公羊充分休息，不采精或尽量少采精。种公羊采精后应与母羊分开饲养。

种公羊在配种时要防止过早配种。种公羊在 6~8 月龄性成熟，晚熟品种推迟到 10 月龄。性成熟的种公羊已具备配种能力，但其身体正处于生长发育阶段，过早配种可导致元气亏损，严重阻碍其生长发育。

在配种季节，种公羊性欲旺盛、性情急躁，在采精时要注意安全，放牧或运动时要有人跟随，防止种公羊混入母羊群进行偷配。

（五）日常管理

定期做好种公羊的免疫、驱虫和保健工作，保证种公羊的健康，并多注意观察平日的精神状态。有条件的每天给种公羊梳刷 1 次，以利清洁和促进血液循环。检查有无体外寄生虫病和皮肤病。定期修蹄，防止蹄病，保证种公羊蹄坚实，以便配种。

二、种公羊的合理利用

种公羊在羊群中数量小，配种任务繁重，合理利用种公羊对于提高羊群的生产性能和产品品质具有重要意义，对于肉羊场的经济效益有着明显的影响。因此，除了对种公羊的科学饲养外，合理利用种公羊、提高种公羊的利用率是发展养羊业的一个重要环节。

（一）适龄配种

种公羊 6~10 月龄性成熟，初配年龄应在体成熟之后开始为宜，不同品种的种公羊体成熟时间略有不同，一般在 12~16 月龄，种公羊过早配种影响自身发育，过晚配种造成饲养成本增加。种公羊的利用年限一般为 6~8 年。

（二）公母比例合理

羊群应保持合理的公母比例。自然交配情况下公母比例为 1：30，人工辅助交配情况下公母比例为 1：60，人工授精情况下公母比例为 1：500。

（三）定期测定精液品质

要定期对种公羊进行体检，每周采精 1 次，检查种公羊精液品质并做好记录。对于精液外观异常或精子的成活率和密度达不到要求的种公羊，暂停使用，查找原因，及时纠正。对于人工授精的肉羊场，每次输精前都要检查精液和精子品质，精子成活率低于 0.6 的精液或稀释精液不能用于输精。

（四）合理安排

在配种期最好集中配种和产羔，尽量不要将配种期拖延过长，否则不利于管理和提高羔羊的成活率，同时对种公羊过冬不利。种公羊繁殖利用的最适年龄为 3~6 岁，在这一时期，配种效果最好，并且要及时淘汰老公羊并做好后备公羊的选育和储备。

（五）人工授精

公羊的生精能力较强，每次射出精子数达 20 亿~40 亿个，自然交配每只公羊每年可配种 30~50 只，如采用人工授精就可提高到 700~1 000 只，可以大大提高种公羊的配种效能。在现代的规模化肉羊场、养羊专业村和养羊大户中推广人工授精技术，可提高种公羊的利用率，减少母羊生殖道疾病，是实现肉羊高效养殖的一项重要繁殖技术。

第五节 育肥羊的饲养管理

一、肉羊的育肥类型

根据饲养方式、圈棚形式、生理阶段、育肥强度和育肥规模等，肉羊的育肥类型有不同的分类，下面分别加以介绍。

（一）按照饲养方式分类

按饲养方式的不同，可分为以下类型。

1. 放牧育肥

放牧育肥是用天然草场、人工草场等进行放牧，当羊体重达到上市标准后再进行屠宰的一种育肥方式。放牧育肥可以使羊采食到多种青绿饲料，获得较为全价的营养，有利于羊的生长发育和健康。一般经过夏季抓"水膘"和秋季抓"油膘"两个阶段，实际就是由显著的肌肉生长转变为优势的脂肪沉积过程。其特点是生产成本低、经济效益好，但育肥时间较长，适合在牧区采用。

2. 舍饲育肥

舍饲育肥就是利用农作物秸秆、农副产品、精饲料等资源，对羔羊、老羊、瘦羊、淘汰羊或从牧区转移过来的羔羊、架子羊、淘汰羊等进行舍饲育肥。其特点是利用了农作物秸秆及农副产品，缩短了育肥周期，便于集中管理，适合于饲草、饲料丰富的农区。在相同月龄屠宰的羔羊，舍饲育肥比放牧育肥羊的活重高10%左右、胴体重高20%左右，效果好于放牧育肥。舍饲育肥的投入较高，但可以根据市场需求大规模、集约化、工厂化生产肉羊，使圈舍、设备和劳动力得到充分利用，提高了劳动效率，进而可降低成本，获得较好的经济效益。

3. 混合育肥

混合育肥就是指放牧加补饲的一种育肥方式。一般是羊放牧回来后再补充精饲料，使之在短时间内上膘增重以达到育肥的目的。其特点是充分发挥了放牧的优势，减少了成本，利用精饲料在放牧时不能得到满足的状况，二者结合，可提高育肥的经济效益，适合在牧区或半牧区采用。

（二）按照圈棚形式分类

按圈棚形式分类，可有以下类型。

1. 露天敞圈育肥

露天敞圈育肥就是将育肥羊饲养在有围栏和饲槽，但没有棚舍的环境下。其特点是费用少、成本低，但在寒冷地区和季节育肥增重比较缓慢，无法应对雨雪天气，适合在温暖地区和季节采用。

2. 圈棚育肥

圈棚育肥是指在三面有围墙、一面敞开的羊棚中进行育肥。这种圈舍育肥适合于在气候比较温暖的农区、半农区使用，效果要好于露天敞圈育肥。

3. 暖棚育肥

暖棚育肥是指在有保暖材料（如塑料薄膜等）作为顶棚的圈舍中进行育肥。这种类型的育肥效果要好于露天敞圈育肥和圈棚育肥，特别是在寒冷地区和季节，其育肥效果更好、更明显。

4. 圈舍育肥

圈舍育肥是为了保暖等而进行的育肥方式。在南方地区因气候潮湿，为了防止寄生虫病及腐蹄病的发生而采用吊楼进行育肥；在北方地区为了避免寒冷和保温而加盖圈舍。这样的圈舍既可以单独育肥，也可以饲养繁殖母羊。

（三）按照生理阶段分类

按不同的生理阶段或年龄，可分为以下几种类型的育肥方式。按年龄分，可分为羔羊育肥和成年羊育肥。

1. 羔羊育肥

羔羊育肥是指利用周岁前羔羊生长速度快、饲料报酬高等特点而进行的育肥。羔羊育肥又可分为哺乳羔羊育肥、早期断奶羔羊强度育肥、断奶后羔羊育肥。

（1）哺乳羔羊育肥。利用营养价值高的母乳，对哺乳羔羊进行育肥，获得优质的肥羔羊肉及其产品。这种育肥方式用于哺乳期生长较快的品种。

（2）早期断奶羔羊强度育肥。这种类型多指羔羊经过45~60天的哺乳，断奶后便留在圈舍内进行短期补饲强度育肥，达到上市标准后进行屠宰的育肥方式。这种育肥方式充分利用了羔羊早期生长速度快的特点，可提高育肥效果，加快羊群周转。

（3）断奶后羔羊育肥。是指对不留作种用的公、母羊在断奶后进行舍饲育肥、草场上放牧育肥或放牧后进行短期集中育肥。一般在5~6月龄体重达到40~50千克时进行屠宰，这种类型在国内比较多。

2. 成年羊育肥

成年羊育肥是指对周岁以上的羊进行育肥，包括对淘汰的老羊、长期不孕的羊、失去繁殖能力的羊或者是长期营养不良消瘦的羊进行育肥，使其在短期内增重上膘，以期望获得较高的产肉量。这种类型的育肥效果较差。

（四）按照育肥强度分类

按育肥强度的强弱分，可以有以下两种类型。

1. 短期强度育肥

短期强度育肥是指对断奶羔羊或周岁内的羔羊经过短期给予高强度的精饲料进行育肥，使其在短时间内增重，达到标准，再进行屠宰上市。这种类型育肥的主要特点是：利用了羔羊生长速度快、饲料转化率高的优点，通过短期集中强度饲养，来获得较好的经济效益。

2. 普通常规育肥

普通常规育肥相对于短期强度育肥而言，是指不给予高强度的精饲料，与其他类型的羊一样饲养，不考虑饲养周期，直到体重达到上市标准或者价格较好时再出售或屠宰。

（五）按照育肥规模分类

按育肥规模的大小，可分为以下几种类型。

1. 集约化育肥

集约化育肥是肉羊生产的发展趋势，其特点是饲养规模大、饲养水平高、经营方式灵活、机械化程度高，适合进行工厂化全进全出管理。

2. 专业户育肥

专业户育肥的规模一般在 100～500 只，是利用农副产品和秸秆，再补充精饲料进行育肥。这种育肥方式多分布于有传统养羊习惯和屠宰习惯的一些集中的地区。

3. 农户育肥

农户育肥是指利用家庭剩余劳动力，进行小规模的育肥。规模一般在 30～50 只。特点是圈舍简陋、生产成本低、效益较好。农户育肥是广大农区经常采用的一种育肥模式。

二、育肥期的饲养技术

每天早晨和傍晚将精饲料与草粉混合均匀进行饲喂，保证饲槽内始终有草料和充足的饮水。按照饲槽内剩余的情况来灵活掌握饲喂量，在育肥开始和结束的时候空腹称重。整个育肥期为 2 个月，分为前期、中期和后期。

（一）育肥前期（0～20 天）

育肥羊转入育肥舍或购入的羊进入圈舍后，要供应充足的饮水，前 2 天喂给容易消化的干草或草粉，不给或少给精饲料，还要进行剪毛。第 3 天注射口蹄疫疫苗，第 6 天皮下注射羊痘疫苗，第 9 天注射伊维菌素进行驱虫，第 10～13 天拌料饲喂健胃散。

在这个阶段主要是让羊适应强度育肥的日粮、环境以及管理。总的原则是为中期、后期饲喂强度的逐渐加大做好准备。日粮搭配上主要是由商品化的浓缩料和玉米组成，精饲料由 40% 的浓缩料、60% 的玉米组成，每天由 200 克/只增加到 500 克/只。从第 18 天开始添加少量的育肥中期精饲料。育肥前期主要是适应性饲养，要勤观察、勤打扫。在春季疾病多发期，各种微生物活动频繁，因此春季育肥要注意传染病以及呼吸道疾病。在大群育肥时，要拌料饲喂预防呼吸道疾病的药物，如泰乐菌素等。

（二）育肥中期（21～40 天）

在育肥中期日粮搭配上要逐渐提高能量饲料的比例，在育肥开始后 30 天左右拌料喂给健胃散，再次进行健胃。精饲料组成调整为 30% 浓缩料和 70% 玉米，每天喂给量由 500 克/只逐渐增加到 800 克/只。第 18～23 天精饲料调整过渡完毕。每天坚持打扫圈舍，观察羊群的精神状态，减少惊吓及抓羊等的应激。这个阶段是育肥增重的重要时期，要视羊的采食情况、被毛情况、精神状态、增重上膘情况，决定是否调整精饲料的比例。如果增重较快、粪便正常，可以提前调整精饲料的比例，提高玉米的含量。由于精饲料比例增加，难免有个别羊出现消化不良、腹泻现象，还会有个别羊有尿路结石情况。对于有尿路结石的病羊，因其不容易治疗，采取手术治疗成本又比较高，因此建议淘汰。

（三）育肥后期（41～60 天）

育肥后期是增重较快的时期，应继续提高能量饲料比例，精饲料投喂量也要逐渐加大。育肥后期精饲料组成为 20% 浓缩料、

80%玉米，每天饲喂量由 800 克/只逐渐增加到 1 300 克/只。第
38~43 天由育肥中期精饲料逐渐过渡到育肥后期精饲料。在育肥
后期最后几天要观察羊的采食情况，由于精饲料比例加大以及采
食量增多，可能会出现腹泻现象。同时，也要留意市场行情，如
果价格合适、羊体重达到 40~45 千克，即可出栏或屠宰。

育肥后期如果处在夏季，由于气温高、天气炎热，要注意防
暑降温，一般喂羊的时间也要根据气温变化做一定的调整。当进
入伏天后，趁着早晨凉快的时候喂，下午晚一些喂，天气太热，
羊也和人一样，有"苦夏"的现象。专业化育肥时，由于群体
比较大，要注意圈舍的饲养密度。天气热的时候羊有"扎堆"
的现象，即天气越热越喜欢挤在一起。有的羊舍是用石棉瓦或彩
钢瓦搭建的，夏天的时候房顶被晒后不隔热，羊舍里闷热异常，
专业化育肥要采取降温措施，如安装较大功率的排风扇或电扇，
还有就是要保持水槽里面不能断水。

要根据资金情况、季节和市场行情制订周转计划，按 2 个月
左右为 1 个周期，全年可进行 4 个周期，每个育肥周期结束后，
至少留出 15 天的时间对羊场、羊舍进行打扫、消毒以及为下一
轮育肥作相关的准备。夏季天气炎热多雨，育肥效果差，最好根
据周期情况在伏天留出空闲时间。专业化育肥关键要做好整群的
防疫工作，并根据市场行情和价格走势做好育肥羊的出栏和屠
宰，以获得最大的效益。

三、育肥期的注意事项

肉羊育肥的好坏直接关系到获得经济效益的优劣，在整个育
肥期要注意以下 5 个方面的问题。

（一）勤观察

在育肥的整个过程中，要勤观察，以便及时发现病羊、弱

羊、食欲差等状况的羊。无论是在选购羊，还是在育肥饲养过程中，要多观察，做到早发现早处理，避免不必要的损失，以增加经济效益。

（二）饮水要卫生，夏季要防暑，冬季要防冻

在育肥过程中，必须保持圈舍内有充足清洁的饮水，特别是在北方冬季，饮水也是个需要注意的问题，不要给羊饮用冰碴水。除了在日粮搭配上多增加一些多汁饲料，如果有条件尽量给温水，给羊喂温水可以促进消化，减少体内能量的消耗。对于农户饲养的母羊，由于饲养的规模较小，可以在饲喂时先用开水把精饲料冲开，搅拌均匀，使之变成糊状，然后兑上一定量的凉水，搅拌均匀后喂给羊即可。虽然冬季羊饮水量少，但每只羊每天至少也要饮水2次。如果羊只缺水，就会出现厌食，长期饮水不足会处于亚健康状态。特别是育肥羊，日粮中精饲料的比例较大，更需要充足的饮水。一般都要设立单独的水槽，要保持水槽内总是有水。

在生产中，一般都是在喂草喂料1小时后让羊饮水，这样可使水与草料在羊瘤胃内充分混合，有助于消化。

（三）保持圈舍地面干燥

一定要搞好羊舍的卫生，使羊舍保持干燥，同时还要勤换垫料。运动场不能泥泞不堪，否则羊容易发生腐蹄病。可以铺一层干燥的细沙，特别是在寒冷季节，尽量减少羊舍地面上的存水。

（四）避免突然更换饲料

更换饲料类型的时候要有一个过渡期，绝不能在1~2天内就改喂新类型饲料。精饲料的更换，要新旧搭配，逐渐加大新饲料的比例，应坚持新饲料先少后多的原则，以逐渐增加的方法，在3~6天内更换完成。一般在育肥期间不提倡频繁多次更换日粮的种类。日粮可以精、粗饲料分开添加饲喂，也可以将精、粗饲料混合喂，如果混合均匀、品质一致，饲喂效果较好。也可以制成颗粒饲料，饲喂颗粒饲料可以提高采食量，减少饲料浪费。

（五）注意防病治病

由于冬季天气寒冷，病原微生物活动减少，类似于腹泻、传染病等疾病的发病率相对较低，这时容易放松警惕。其实在冬季仍然有暴发传染病的可能。如果冬季不做好预防工作，病原微生物在冬季处于潜伏状态，到翌年春季时，可能会暴发传染病。因此，冬季防疫是为春季防病作准备。冬季主要注意防疫口蹄疫、羊痘和传染性胸膜肺炎等疾病。

在冬季，由于气候寒冷，羊容易患呼吸道等方面的疾病。因此，要留心观察，发现后要及时治疗。在治疗呼吸道疾病时，要隔离治疗，至少要坚持治疗 5 天，最好要治疗 7 天。由于呼吸道疾病初期不容易被发现，当发现时大多已经出现呼吸困难、体温升高、厌食、精神萎靡等症状。在治疗的过程中，有些羊是上呼吸道感染，如果伴有咳嗽则容易被发现，而有些羊此时已经感染至肺部，仅仅依靠观察不容易被察觉，因此要进行听诊。有些羊治疗后很快见效，但停药后又复发，一旦复发会增加治愈难度，所以一定要坚持按疗程用药。

第六章　肉羊场的防疫管理

第一节　做好环境卫生

一、羊场卫生防疫要求

（1）场区大门口、生产管理区、生产区，每栋舍入口处设消毒池（盆）。羊场大门口的消毒池，长度不小于汽车轮胎周长的 1.5~2 倍，宽度应与门的宽度一样，水深 10~15 厘米，内放 2%~3% 氢氧化钠溶液或 5% 来苏尔。消毒液 1 周换 1 次。

（2）生活区、生产管理区应分别配备消毒设施（喷雾器等）。

（3）每栋羊舍的设备、物品固定使用，羊只不许窜舍，出场后不得返回，应入隔离饲养舍。

（4）禁止生产区内解剖羊，剖后和病死羊要焚烧处理，羊只出场出具检疫证明和健康卡、消毒证明。

（5）禁用强毒疫苗，制定科学的免疫程序。

（6）场区绿化率（草坪）达到 40% 以上。

（7）场区内分净道、污道，互不交叉，净道用于进羊及运送饲料、用具、用品，污道用于运送粪便、废弃物、死淘羊。

二、圈舍的清扫与洗刷

要经常对羊圈舍进行清扫与洗刷。为了避免尘土及微生物飞扬，清扫运动场和羊舍时，先用水或消毒液喷洒，然后再清扫。主要是清除粪便、垫料、剩余饲料、灰尘及墙壁和顶棚上的蜘蛛网、尘土。

喷洒消毒液的用量为 1 升/米^2，泥土地面、运动场为 1.5 升/米^{2}左右。消毒顺序一般从离门远处开始，以墙壁、顶棚、地面的顺序喷洒 1 遍，再从内向外将地面重复喷洒 1 次，关闭门窗 2~3 小时，然后打开门窗通风换气，再用清水清洗饲槽、水槽及饲养用具等。

三、羊场水的卫生管理

(一) 饮用水水质要符合要求

要保证水质符合畜禽饮用水水质标准，以保证干净卫生，防止羊感染寄生虫病或发生中毒等。

(二) 保证用水卫生

(1) 场区保持整洁，搞好羊舍内外环境卫生、消灭杂草，每半个月消毒 1 次，每季灭鼠 1 次。夏、秋两季全场每周灭蚊蝇 1 次，注意人畜安全。

(2) 圈舍每天进行清扫，粪便要及时清除，保持圈舍整洁、整齐、卫生。做到无污水、无污物、少臭气。每周至少消毒 1 次。

(3) 圈舍每年至少要有 2~3 次空圈消毒。其程序为：彻底清扫—清水冲洗—2% 氢氧化钠溶液喷洒—翌日用清水冲洗干净，并空圈 5~7 天。

(4) 饮水槽和饲槽要每两周用 0.1% 高锰酸钾溶液清洗

消毒。

（5）定期清洗排水设施。

（三）废水符合排放标准

养殖业是我国农村发展的重要产业。近些年来，随着养殖规模的不断扩大、畜禽饲养数量的急剧增加，使得大量的养殖废水成为污染源，这些养殖场产生的污水如得不到及时处理，必将对环境造成极大危害，造成生态环境恶化、畜禽产品品质下降并危及人体健康，养殖废水治理技术的滞后将严重制约养殖业的可持续发展。

针对畜禽养殖污染，我国发布了《畜禽养殖业污染物排放标准》（GB 18596—2001）、《畜禽养殖业污染防治技术规范》（HJ/T 81—2001）、《规模化畜禽养殖场沼气工程设计规范》（NY/T 1222—2006）、《畜禽养殖污染防治管理办法》（国家环境保护总局令　第 9 号）、《畜禽规模养殖污染防治条例》（中华人民共和国国务院令　第 643 号）等文件。

四、羊场饲料的卫生管理

建立和推广有效的卫生管理系统，可有效杜绝有毒有害物质和微生物进入饲料原料或配合饲料生产环节，保证最终产品中各种药物残留和卫生指标均在控制线以下，确保饲料原料和配合饲料产品的安全。

（一）设施设备的卫生管理

饲料、饲草加工机械设备和器具的设计要能长期保持防污染，用水的机械、器具要由耐腐蚀材料构成。与饲料、饲草等的接触面要具有非吸收性，无毒、平滑。要耐反复清洗、杀菌。接触面使用药剂、润滑剂、涂层要符合规定。设备布局要防污染，为了便于检查、清扫、清洗，要置于用手可及的地方，必要时可设置检验台，并设检验口。设备、器具维护维修时，事前要作出检查计划及检验器械详单，其计划上要明确记录修理的地方，交换部件负责人，保持检查监督作业及记录。

（二）卫生教育

对从事饲料、饲草加工的人员要进行认真的教育，对患有可能会导致饲料被病原微生物污染疾病的人员，不允许从事饲料饲草的加工工作。不要徒手接触制品，必须用外包装。进入生产区域的人要用肥皂及流动的水洗净手。使用完洗手间或打扫完污染物后要洗手。要穿工厂规定的工作服、帽子。考虑到鞋可能把异物带入生产区域，要换专用的鞋。戴手套时需留意不要由手套给原料、制品带来污染。为防止进入生产区的人落下携带物，要事先取下保管。生产区内严禁吸烟。

（三）杀虫灭鼠

由专人负责，制订出高效、安全的计划并得到负责人认可，方可实施。对使用的化学制品要有详细的清单及使用方法。要设置毒饵投放位置图并记录查看次数，写出实施结果报告书。使用的化学制品必须是规定所允许的，实施后调查害虫、老鼠生态情况，确认效果。如未达到效果，须改进计划并实施。

（四）饲料的消毒

对粗饲料要通风干燥，经常翻晒和日光照射消毒；对青饲料要防止霉烂，最好当日割当日喂。精饲料要防止发霉，要经常晾晒。

第二节　做好消毒工作

规范的肉羊场须制定饲养人员、圈舍、带羊消毒，用具、周围环境消毒，发生疫病的消毒，预防性消毒等各种制度及按规范的程序进行消毒。

一、人员消毒

饲养管理人员应经常保持个人卫生，定期进行人畜共患病的检疫，并进行免疫接种。

肉羊场一般谢绝参观，严格控制外来人员，必须进入生产区时，要换厂区工作服和工作鞋，并通过厂区门口消毒池进入。入场要遵守场内防疫制度，按指定路线行走。

场内工作人员备有从里到外至少两套工作服装，一套在场内工作时间用，一套场外用。进场时，将场外穿的衣物、鞋袜全部在外更衣室脱掉，放入各自衣柜锁好，穿上场内服装、着水鞋，经脚踏放在羊舍门口用3%氢氧化钠溶液浸泡着的草垫子。

工作人员外出羊场，脚踏用3%氢氧化钠溶液浸泡着的草垫子进入更衣间，换上场外服装，可外出。

送料车等或经场长批准的特殊车辆可进出场。由门卫对整车用0.5%过氧乙酸或0.5%～1%菌毒杀，进行全方位冲刷喷雾消毒。经盛3%氢氧化钠溶液的消毒池入场。驾驶员不得离开驾驶室，若必须离开，则穿上工作服进入，进入后不得脱下工作服。

办公区、生活区每天早上进行1次喷雾消毒。

二、圈舍消毒

一般先用扫帚清扫并用水冲洗干净后，再用消毒液消毒。用消毒液消毒的操作步骤如下。

（一）消毒液选择与用量

常用的消毒药有10%～20%石灰乳、30%漂白粉、0.5%～1%菌毒敌（同类产品有农福、菌毒杀等）、0.5%～1%二氯异氰尿酸钠（以此药为主要成分的商品消毒剂有强力消毒灵、灭菌净等）、0.5%过氧乙酸等。消毒液的用量，以羊舍内每平方米用1升药液配制，根据药物用量说明来计算。

（二）消毒方法

将消毒液盛于喷雾器内，喷洒圈舍、地面、墙壁、天花板，然后再开门窗通风，用清水刷洗饲槽、用具等，将消毒药味除去。如羊舍有密闭条件，可关闭门窗，用福尔马林熏蒸消毒12~24小时，然后开窗24小时。福尔马林的用量是每平方米用12.5~50毫升，加等量水一起加热蒸发。在没有热源的情况下，可加入等量的高锰酸钾（每平方米用7~25克），即可反应产生高热蒸汽。

（三）空羊舍消毒规程

育肥羊出栏后，先用0.5%~1%菌毒杀对羊舍消毒，再清除羊粪。3%氢氧化钠溶液喷洒舍内地面，0.5%过氧乙酸喷洒墙壁。打扫完羊舍后，用0.5%过氧乙酸或30%漂白粉等交替多次消毒，每次间隔1天。

三、带羊消毒

定期进行带羊消毒，有利于减少环境中的病原微生物，减少疾病发生。常用的药物有0.2%~0.3%过氧乙酸，每立方米用药20~40毫升，也可用0.2%次氯酸钠溶液或0.1%新洁尔灭溶液。0.5%以下浓度的过氧乙酸对人畜无害，为了减少对工作人员的刺激，在消毒时可佩戴口罩。一般情况下每周消毒1~2次，春、秋疫情常发季节，每周消毒3次，在有疫情发生时，每天消毒1次。带羊消毒时可以将3~5种消毒药交替进行使用。

在助产、配种、注射及其他任何对羊接触操作前，应先将有关部位进行消毒擦拭，以减少病原体污染，保证羊只健康。

四、环境消毒

在大门口设消毒池，使用2%氢氧化钠溶液或5%来苏尔，注意定期更换消毒液。

羊舍周围环境每2~3周用2%氢氧化钠溶液消毒或撒生石灰1次，场周围及场内污水池、排粪坑、下水道出口，每月用漂白粉消毒1次。每隔1~2周，用2%~3%氢氧化钠溶液喷洒消毒道路；用2%~3%氢氧化钠溶液，或3%~5%甲醛，或0.5%过氧乙酸喷洒消毒场地。

圈舍地面消毒可用含2.5%有效氯的漂白粉溶液、4%福尔马林或10%氢氧化钠溶液。停放过芽孢杆菌所致传染病（如炭疽）病羊尸体的场所，应严格加以消毒。首先用含2.5%有效氯的漂白粉溶液喷洒地面，然后将表层土壤掘起30厘米左右，撒上干漂白粉，并与土混合，将此表土妥善运出掩埋。其他传染病所污染的地面土壤，则可先将地面翻一下，深度约30厘米，在翻地的同时撒上干漂白粉（用量为每平方米0.5千克），然后以水浸湿，压平。如果放牧地区被某种病原体污染，一般利用阳光来消除病原微生物；如果污染的面积不大，则应使用化学消毒药消毒。

五、用具和垫料消毒

定时对水槽、饲槽、饲料车等进行消毒。一般先将用具冲洗干净后，可用0.1%新洁尔灭或0.2%~0.5%过氧乙酸消毒，然后在密闭的室内进行熏蒸。注射器、针头、金属器械，煮沸消毒30分钟左右。

对于肉羊场的垫料，可以通过阳光照射的方法进行消毒。这是一种最经济、最简单的方法，将垫草等放在烈日下，暴晒2~3

小时，能杀灭多种病原微生物。

六、污物消毒

（一）粪便消毒

羊的粪便消毒方法有多种，最实用的方法是生物热消毒法，即在距肉羊场 100~200 米以外的地方设一堆粪场，将羊粪堆积起来，上面覆盖 10 厘米厚的沙土，堆放发酵 30 天左右，即可用作肥料，粪便消毒。

（二）污水消毒

最常用的方法是将污水引入污水处理池，加入化学药品（如漂白粉或生石灰）进行消毒。消毒药的用量视污水量而定，一般 1 升污水用 2~5 克漂白粉。

（三）皮毛消毒

羊患炭疽病、口蹄疫、布鲁氏菌病、羊痘、坏死杆菌病等，其羊皮、羊毛均应消毒。应当注意，羊患炭疽病时，严禁从尸体上剥皮，在储存的原料皮中即使只发现 1 张患炭疽病的羊皮，也应将整堆与它接触过的羊皮进行消毒。

皮毛的消毒，目前广泛利用环氧乙烷气体消毒法。消毒时必须在密闭的专用消毒室或密闭良好的容器（常用聚乙烯或聚氯乙烯薄膜制成的篷布）内进行。在室温 15 ℃时，每立方米密闭空间使用环氧乙烷 0.4～0.8 克，维持 12~48 小时，相对湿度在 30%以上。此法对细菌、病毒、霉菌均有良好的消毒效果，对皮毛等产品中的炭疽芽孢也有较好的消毒作用。但本品对人畜有毒性，且其蒸汽遇明火会燃烧以至爆炸，故必须注意安全，具备一定条件时才可使用。

第三节　做好检疫和免疫接种

一、严格执行检疫制度

检疫是应用各种诊断方法（临床的、实验室的），对羊及其产品进行疫病（主要是传染病和寄生虫病）检查，并采取相应的措施，以防止疫病的发生和传播。为了做好检疫工作，必须有一定的检疫手续，以便在羊流通的各个环节中，做到层层检疫、环环紧扣，互相制约，从而杜绝疫病的传播蔓延。

羊从生产到出售，要经过出入场检疫、收购检疫、运输检疫和屠宰检疫，涉及外贸时，还要进行进出口检疫。出入场检疫是所有检疫中最基本最重要的检疫，只有经过检疫而无疫病时，方可让羊及其产品进场或出场。养羊专业户引进羊时，只能从非疫区购入，经当地兽医检疫部门检疫，并签发检疫合格证明书。运抵目的地后，再经本场或专业户所在地兽医验证、检疫并隔离观察1个月以上，确认为健康者，经驱虫、消毒，没有注射过疫苗的还要补注疫苗，然后方可与原有羊混群饲养。羊场采用的饲料和用具，也要从安全地区购入，以防疫病传入。羊大群检疫时，可用检疫夹道，即在普通羊圈内，用木板做成夹道，进口处呈漏斗状，与待检圈相连，出口处有两个活动小门，分别通往健康圈和隔离圈。夹道用厚2厘米、宽10厘米的木板，做成75厘米高的栅栏，夹道内的宽度和活动小门的宽度均为45～50厘米。检疫时，将羊赶入夹道内，检疫人员即可在夹道两侧进行检疫。根据检疫结果，打开出口的活动小门，分别将羊赶入健康圈或隔离圈。这种设备除羊群检查通道和分羊栏检疫用外，还可作羊的分群用。

二、有计划地进行免疫接种

免疫接种是激发机体产生特定性抵抗力，使其对某种传染病从易感转化为不易感的一种手段。有组织有计划地进行免疫接种，是预防和控制传染病的重要措施之一。

（一）常用疫苗

目前，我国用于预防羊主要传染病的疫苗有以下几种。

1. 无毒炭疽芽孢苗

预防羊炭疽。每只绵羊皮下注射 0.5 毫升，注射后 14 天产生坚强免疫力，免疫期 1 年。山羊不能用。

2. Ⅱ号炭疽芽孢苗

预防羊炭疽。每只绵羊、山羊均皮下注射 1 毫升，注射后 14 天产生免疫力，免疫期 1 年。

3. 炭疽芽孢氢氧化铝佐剂苗

预防羊炭疽。此苗一般称浓芽孢苗，是无毒炭疽芽孢苗或Ⅱ号炭疽芽孢苗的浓缩制品。使用时，以 1 份浓缩制品加 9 份 20% 氢氧化铝胶稀释剂，充分混匀后即可注射。其用途、用法与各芽孢苗相似。使用该疫苗一般可减轻注射反应。

4. 布鲁氏菌猪型 2 号疫苗

预防羊布鲁氏菌病。山羊、绵羊臀部肌内注射 0.5 毫升（含菌 50 亿）；1 月龄以下羔羊和怀孕羊暂不注射。饮水免疫时，用量按每只羊服 200 亿菌体计算，2 天内分 2 次饮服；在饮服疫苗前，一般应停止饮水半天，以保证每只羊都能饮用一定量的水。应当用冷的清水稀释疫苗，并应迅速饮喂，疫苗从混合在水内到进入羊体内的时间越短，效果越好。免疫期暂定 2 年。

5. 布鲁氏菌羊型 5 号疫苗

预防羊布鲁氏菌病。此疫苗可对羊群进行气雾免疫。如在室内进行气雾免疫，疫苗用量按室内空间计算，即每立方米用 50 亿菌，喷雾后羊群需在室内停留 30 分钟；如在室外进行气雾免疫，疫苗用量按羊的只数计算，每只羊用 50 亿菌，喷雾后羊群需在原地停留 20 分钟。气雾免疫需配备专门的装置，该装置由气雾发生器（即喷头）及压缩空气的动力机械组成。气雾发生器市场有成品出售。

动力机械可因地制宜，利用各种气雾或用电动机、柴油机带动空气压缩泵。无论以何种机械作动力，都要保持 196 千帕（2 千克/厘米^2）以上的压力，才能达到疫苗雾化的目的。雾化粒子大小与免疫效果有很大关系，一般粒子大小在 1~10 微米为有效粒子，气雾发生器产生的有效粒子在 70% 以上者为合格。新使用的气雾发生器，须先进行粒子大小的测定（测定方法与测量细菌大小的方法相同），合格后方可使用。在使用此苗进行气雾发生器羊气雾免疫时，操作人员需注意个人防护，应穿工作衣裤和胶靴，戴大而厚的口罩，如不慎被感染出现症状，应及时就医。

本疫苗也可供注射或口服用。注射时，将疫苗稀释成每毫升含 50 亿菌，每只羊皮下注射 10 亿菌；口服时，每只羊的用量为 250 亿菌。本疫苗免疫期暂定为 1 年半。

6. 破伤风明矾沉降类毒素

预防破伤风。绵羊、山羊各颈部皮下注射 0.5 毫升。平时均为 1 年注射 1 次；遇有羊受伤时，再用相同剂量注射 1 次，若羊受伤严重，应同时在另一侧颈部皮下注射破伤风抗毒素，即可防止发生破伤风。该类毒素注射后 1 个月产生免疫力，免疫期 1 年，第二年再注射 1 次，免疫力可持续 4 年。

7. 破伤风抗毒素

供羊紧急预防或防治破伤风之用。皮下或静脉注射，治疗时可重复注射 1 次至数次。预防剂量：1 200~3 000 抗毒单位；治疗剂量：5 000~20 000 抗毒单位。免疫期 2~3 周。

8. 羊快疫、猝狙、肠毒血症三联灭活疫苗

预防羊快疫、猝狙、肠毒血症。成年羊和羔羊一律皮下或肌内注射 5 毫升，注射后 14 天产生免疫力，免疫期 6 个月。

9. 羔羊痢疾灭活疫苗

预防羔羊痢疾。怀孕母羊分娩前 20~30 天第一次皮下注射 2 毫升，第二次于分娩前 10~20 天皮下注射 3 毫升。第二次注射后 10 天产生免疫力。免疫期：母羊 5 个月，经乳汁可使羔羊获得母源抗体。

10. 羊黑疫、快疫混合灭活疫苗

预防羊黑疫和快疫。氢氧化铝灭活疫苗，羊不论年龄大小均皮下或肌内注射 3 毫升，注射后 14 天产生免疫力，免疫期 1 年。

11. 羔羊大肠杆菌病灭活苗

预防羔羊大肠杆菌病。3 月龄至 1 岁龄的羊，皮下注射 2 毫升；3 月龄以下的羔羊，皮下注射 0.5~1.0 毫升，注射后 14 天产生免疫力，免疫期 5 个月。

12. 羊厌氧菌氢氧化铝甲醛五联灭活疫苗

预防羊快疫、羔羊痢疾、猝狙、肠毒血症和黑疫。羊不论年龄大小均皮下或肌内注射 5 毫升，注射后 14 天产生可靠免疫力，免疫期 6 个月。

13. 肉毒梭菌（C 型）灭活苗

预防羊肉毒梭菌中毒症。绵羊皮下注射 4 毫升，免疫期 1 年。

14. 山羊传染性胸膜肺炎氢氧化铝灭活疫苗

预防由丝状支原体山羊亚种引起的山羊传染性胸膜肺炎。皮下注射，6 月龄以下的山羊 3 毫升，6 月龄以上的山羊 5 毫升，注射后 14 天产生免疫力，免疫期 1 年。本品限于疫区内使用，

注射前应逐只检查体温和健康状况，凡发热有病的不予注射。注射后 10 日内要经常检查，有反应者，应进行治疗。本品用前应充分摇匀，切忌冻结。

15. 羊肺炎支原体氢氧化铝灭活苗

预防绵羊、山羊由绵羊肺炎支原体引起的传染性胸膜肺炎。颈侧皮下注射，成年羊 3 毫升，6 月龄以下幼羊 2 毫升，免疫期可达 1 年半以上。

16. 羊痘鸡胚化弱毒疫苗

预防绵羊痘，也可用于预防山羊痘。冻干苗按瓶签上标注的疫苗量，用生理盐水 25 倍稀释，振荡均匀，羊不论年龄大小，一律皮下注射 5 毫升，注射后 6 天产生免疫力，免疫期 1 年。

17. 山羊痘弱毒疫苗

预防山羊痘和绵羊痘。皮下注射 0.5~1 毫升，免疫期 1 年。

18. 兽用狂犬病 ERA 株弱毒细胞苗

预防狂犬病。按说明书使用，肌内注射 2 毫升。免疫期 0.5~1 年。

19. 伪狂犬病弱毒细胞菌苗

预防羊伪狂犬病。冻干苗先加 3.5 毫升中性磷酸盐缓冲液稀释，再稀释 20 倍。4 月龄以上至成年绵羊肌内注射 1 毫升，注苗后 6 天产生免疫力，免疫期 1 年。

20. 羊链球菌病活疫苗

预防绵羊、山羊败血性链球菌病。注射用苗以生理盐水稀释，气雾用苗以蒸馏水稀释。每只羊尾部皮下注射 1 毫升（含 50 万个活菌），2 岁以下羊用量减半。露天气雾免疫每头剂量 3 亿活菌，室内气雾免疫每头剂量 3 000 万个活菌。免疫期 1 年，羊常用疫苗。

（二）制定科学的免疫程序

免疫接种的效果，与羊的健康状况、年龄大小、是否正在怀

孕或哺乳，以及饲养管理条件的好坏有密切关系。成年的、体质
健壮或饲养管理条件好的羊群，接种后会产生较强的免疫力；反
之，幼年的、体质瘦弱的、有慢性疾病或饲养管理条件不好的羊
群，接种后产生的免疫力就要差些，甚至可能引起较明显的接种
反应。怀孕母羊，特别是临产前的母羊，在接种时由于驱赶、捕
捉等影响，或者由于疫苗所引起的反应，有时会发生流产、早产
或影响胎儿的发育；哺乳期的母羊免疫接种后，有时会暂时减少
泌乳量。免疫过的怀孕母羊所产羔羊通过吮吸初乳后，在一定时
间内体内有母源抗体存在，因而对幼龄羔羊免疫接种往往不能获
得满意结果。所以，对那些幼羊、弱羊、有慢性病的羊和怀孕
后期母羊，除非已经受到传染的威胁，最好暂时不予接种。对那
些饲养管理条件不好的羊群，在进行免疫接种的同时，必须创造
条件改善饲养管理。

　　免疫接种须按合理的免疫程序进行，各地区、各羊场可能发
生的传染病不止一种，而可以用来预防这些传染病的疫苗的性质
又不尽相同，免疫期长短不一。因此，羊场往往需用多种疫苗来
预防不同的病，也需要根据各种疫苗的免疫特性来合理地安排免
疫接种的次数和间隔时间，这就是所谓的免疫程序。目前国际上
还没有一个统一的羊免疫程序，只能在实践中总结经验，制定出
合乎本地区、本羊场具体情况的免疫程序。

第四节　定期组织驱虫

一、预防性驱虫

　　为了预防羊的寄生虫病，应在育肥之前用药物给羊群进行1
次预防性驱虫。

预防性驱虫所用的药物有多种，应视病情的流行情况而定。丙硫苯咪唑具有高效、低毒、广谱的优点，对于羊常见的胃肠道线虫、肺线虫、肝片吸虫和绦虫均有效，可同时驱除混合感染的多种寄生虫，是较理想的驱虫药物。

使用驱虫药物时，要求剂量准确，并且要先做小群驱虫试验，取得经验后再全群驱虫。驱虫过程中发现病羊，应进行对症治疗，及时解救中毒的羊。

二、药浴

药浴是防治羊体外寄生虫病，特别是螨、蜱、虱子、跳蚤等的有效措施，多在剪毛后 10 天进行。药浴液可用 1%敌百虫溶液或敌虫菊酯 80~200 微升/升、溴氰菊酯 50~80 微升/升，也可以用石硫合剂。药浴可以在药浴池内进行，也可以选择淋浴，或者人工抓羊在大盆（缸）中逐只进行盆（缸）浴。

第五节 羊场粪便及病尸的无害化处理

一、羊场粪便资源化利用

（一）粪便储存设施建设

1. 粪便储存设施的选址

新建、扩建和改建畜禽养殖场或养殖园区（小区）必须配置畜禽粪便处理设施，禁止在下列区域内建设畜禽粪便处理场：生活饮用水水源保护区、风景名胜区、自然保护区的核心区及缓冲区；城市和城镇居民区，包括文教科研区、医疗区、商业区、工业区、游览区等人口集中地区；县级人民政府依法划定的禁养区域；国家或地方法律、法规规定需特殊保护的其他区域。

在禁建区域附近建设的畜禽粪便处理设施和单独建设的畜禽粪便处理场，应设在规定的禁建区域常年主导风向的下风向或侧风向处，场界与禁建区域边界的最小距离不得小于 500 米。

2. 粪便处理场地的布局

设置在畜禽养殖区域内的粪便处理设施应按照《畜禽场场区设计技术规范》（NY/T 682—2023）的规定设计，应设在养殖场的生产区、生活管理区常年主导风向的下风向或侧风向处，与主要生产设施之间保持 100 米以上的距离。

（二）羊粪便无害化处理

羊粪便无害化处理是指利用高温、好氧或厌氧等技术杀灭羊粪便中病原菌、寄生虫和杂草种子的过程。在专门化畜牧场或屠宰场，可将羊粪加工成肥料和燃料等。主要采用生物法和化学法，这些方法需要大量的设备投资和占用大量的土地。禽畜粪便的处理一方面可以合理利用废弃物，另一方面可预防环境污染。羊粪的加工处理有下列两种途径。

1. 肥料化

羊粪便中含有大量农作物生长所必需的氮、磷、钾等营养成分和大量的有机质，将其经过堆肥后施用于农田是一种被广泛使用的利用方式。采用这种处理方式不仅可以杀死排泄物中大部分的病原微生物，而且方法简便易行。在我国，羊粪便几乎全部施于农田。

羊粪便中含有有机质 31.4%、氮 0.65%、磷 0.47%、钾 0.23%，是各种家畜粪便中肥分最浓的，是一种很好的肥料。据测定，1 只成年羊全年排粪量中含氮量为 8 ~ 9 千克，能满足 667 ~ 1 000 米^2 土地全年的施肥需要。使用羊粪便不但能提高地温，改善土壤结构，进而能防止土壤板结，增加土地的可持续利用时间，提高产量。

2. 能源化

一种是进行厌氧发酵生产沼气，为生产、生活提供能源；另一种是将羊粪便直接投入专用炉中焚烧，供应生产用热。含水量在30%以下的羊粪可直接燃烧。此外，用羊粪便还可生产煤气、"石油"、酒精等。有资料报道，45千克羊粪便约可生产15升标准燃烧酒精，残余物还可用于生产沼气或以适当方式进行综合利用。据试验，以含水量60%的羊粪便在380 ℃、$412×10^5$ 帕条件下（反应开始时为 $83×10^5$ 帕）经20分钟反应，"石油"提取量为47%，转换率99%，不需要准备干燥粪便。利用羊粪便创造新能源，很好地解决了环境污染问题，也为解决能源问题找到了一条新途径。

二、污水资源化利用

（一）建立污水输送网络

羊养殖过程中产生的废水，包括清洗羊体和饲养场地、器具产生的废水。废水不得排入敏感水域和有特殊功能的水域，应坚持种养结合的原则，经无害化处理后尽量充分还田，实现废水资源化利用。肉羊场与农田之间应建立有效的污水输送网络，严格控制废水输送沿途的弃、撒、跑、冒、滴、漏。

（二）污水处理利用

由于畜牧业生产的发展，其经营与管理的方式随之而改变，畜产废弃物的形式也有所变化。如羊的密集饲养，取消了垫料，或者使用漏缝地面，并为保持羊舍的清洁，用水冲刷地面，使粪尿都流入下水道。因而，污水中含粪尿的比例更高，有的羊场每千克污水中含干物质达50~80克；有些污水中还含有病原微生物，直接排至场外或施肥，危害更大。如果将这些污水在场内经适当处理，并循环使用，则可减少对环境的污染，也可大大节约水费。污水的处理主要经分离、分解、过滤、沉淀等过程。

1. 将污水中的固形物与液体分离

污水中的固形物一般只占 1/6～1/5，将这些固形物分离出后，一般能成堆，便于储存，可作堆肥处理。即使施于农田，也无难闻的气味，剩下的是稀薄的液体，水泵易于抽送，并可延长水泵的使用年限。液体中的有机物含量下降，从而减轻了生物降解的负担，也便于下一步处理。将污水中的固形物与液体分离，一般用分离机。

2. 通过生物滤塔使分离的稀液净化

生物滤塔是依靠滤过物质附着在滤料表面所建立的生物膜来分解污水中的有机物，以达到净化的目的。通过这一过程，污水中的有机物浓度大大降低，得到相当程度的净化。用生物滤塔处理工业污水已较为普遍，处理畜牧场的生产污水，在国外也已从试验阶段进入实用阶段。

3. 沉淀

粪尿或污水沉淀的主要目的是使一部分悬浮物质下沉。沉淀也是一种净化污水的有效手段。据报道，将水∶羊粪按 10∶1 的比例稀释，在放置 24 小时后，其中 80%～90% 的固形物沉淀下来。在 24 小时内沉淀下来的固形物中有 90% 是前 10 小时沉淀的。试验结果表明，沉淀可以在较短的时间去掉高比例的可沉淀固形物。

4. 淤泥沥水

沉淀一段时间后，在沉淀池的底部，会有一些较细小的固形物沉降而成为淤泥。这些淤泥的总固形物中约有 50% 是直径小于 10 微米的颗粒，因而无法过筛，采用沥干去水的办法较为有效，可以将湿泥再沥去一部分水，剩下的固形物可以堆起，便于储存和运输。

沥水柜一般直径 3 米，高 1 米，底部为孔径面积 50 毫米² 的焊接金属网，上面铺以草捆，容量为 4 米³。淤泥在此柜中沥干需 1~2 周，沥干时大约剩 3 米³淤泥，每千克含干物质 100 克，形成能堆起的固形物，体积相当于开始放在柜内湿泥的 3/5。

经以上对污水采用的 4 个环节的处理，系统结合、连续使用，可使羊场污水大大净化，使其有可能重新利用。

污水经过机械分离、生物过滤、氧化分解、沥水沉淀等一系列处理后，可以去掉沉淀下的固形物，也可以去掉生化需氧量及总悬浮固形物的 75%~90%。达到这一水平即可作为生产用水，但还不适宜作家畜的饮水。要想能被家畜饮用，则必须进一步减少生化需氧量及总悬浮固形物，大大减少氮、磷的含量，使之符合饮用水的卫生标准。

在干燥缺水地区，将肉羊场污水经处理后再供给家畜饮用，可缓解水资源缺乏问题。国外已试行将经过一系列处理后的澄清液加压进行反向渗透。渗透通过的管道为直径 127 毫米的管子，管子内壁是成束的环氧树脂，外覆以乙酸纤维素制成的薄膜，膜上的孔径仅为 1~3 纳米。澄清液在 31~35 千克/厘米² 的压力下经此管反向渗透，渗透出的液体每千克的生化需氧量由 473 毫克降到 38 毫克、氮由 534 毫克降到 53 毫克、磷由 188 毫克降到 5.6 毫克，去掉了所有的悬浮固形物，颜色与浊度几乎全部去掉，通过薄膜的渗透液基本上无色、澄清，品质大体符合家畜饮用的要求。

三、病尸的无害化处理

（一）焚烧炉焚烧

患传染病家畜的尸体内含有大量病原体，可污染环境，若不及时做无害化处理，常可引起人、畜患病。对确诊为炭疽、羊快

肉羊高效养殖与疾病防治新技术

疫、羊肠毒血症、羊猝狙、肉毒梭菌中毒症、蓝舌病、口蹄疫、李氏杆菌病、布鲁氏菌病等传染病和恶性肿瘤的病羊的器官或尸体应进行无害销毁，其方法是利用湿法化制和焚毁，前者是利用湿化机将整个尸体送入密闭容器中进行化制，即熬制成工业油。后者是将尸体投入焚化炉中烧毁炭化。

（二）填埋井深埋

掩埋是一种暂时看似有效，其实极不彻底的尸体处理方法，但比较简单易行，目前还在广泛使用。掩埋尸体时应选择干燥、地势较高，距离住宅、道路、水井、河流及牧场较远的偏僻地区。尸坑的长和宽以仅容纳尸体侧卧为度，深度应在 2 米以上，内撒石灰粉，放入尸体后用石灰粉覆盖，用土掩埋。

第七章 肉羊常见病的防治新技术

第一节 常见传染病

一、羊快疫

羊快疫是羊的一种急性地方性传染病。其特征是发病突然、病程短促。

（一）流行特点

本病的发病年龄多在 6 个月至 2 岁，营养多在中等以上。一般多在秋、冬和初春气候骤变、阴雨连绵之际或采食了冰冻有霜的饲料之后或羊的抵抗力下降后发生。主要通过消化道或伤口感染。经消化道传染的，可引起羊快疫；经伤口传染的，可引起恶性水肿。

（二）临床症状

本病的潜伏期只有数小时，然后突然发病，急剧者往往未见临床症状，在 10~15 分钟内就突然死亡；病程稍长者，可以延长到 2~12 小时；一天以上的很少见。主要症状是精神沉郁，离群独处，磨牙，呼吸困难，不愿走动或者运动失调，口内排带泡沫的血样唾液，腹部胀满，有腹痛症状，有的病羊在临死前因结膜充血而呈"红眼"，天然孔有红色渗出液。体温表现不一，有的正常，有的体温高至 41.5 ℃左右。病羊最后极度衰竭，磨牙，昏迷，常在 24 小时内死亡，死亡率高达 30% 左右，死前痉挛、腹痛、腹部膨胀。

（三）防治措施

1. 预防

平时注意加强饲养管理，消除一切诱病因素。发生本病时，隔离病羊，并施行对症治疗。病死羊一律烧毁或深埋，不得利用，绝对不可剥皮吃肉，以免污染土壤和水源。消毒羊舍，将羊圈打扫干净后，用氢氧化钠溶液浇洒 2 遍，间隔 1 小时。未发病的羊立即转移至干燥安全地区进行紧急预防接种。本病常发地区可每年定期接种疫苗。常用羊快疫、羊猝疽、羊肠毒血症、羔羊痢疾四联菌苗，皮下注射 5 毫升，注射后 2 周产生免疫力，免疫期半年以上。有些羊注射后 1~2 天会发生跛行，但不久可自己恢复正常。

2. 治疗

虽然青霉素和磺胺类药物都有效，但因为本病发展迅速，往往来不及治疗，在实际操作中很难生效。所以必须贯彻"预防为主"的方针，认真做好预防工作。对少数进程缓慢的病羊，除及早使用抗生素、磺胺类药物和肠道消毒剂外，可应用环丙沙星、青霉素、磺胺甲唑并给予强心输液解毒等对症治疗，可有治愈的希望。

二、羊猝疽

本病以急性死亡，形成腹膜炎和溃疡性肠炎为特征。

（一）流行特点

本病发生于成年羊，以 1~2 岁绵羊发病较多，特别是当饲料丰富时易感染，常见于低洼、沼泽地区，多发生于冬、春季，常呈地方性流行。本病经消化道感染，主要侵害绵羊，也感染山羊。被 C 型荚膜梭菌污染的牧草、饲料和饮水都是传染源。病菌随着动物采食和饮水经口进入消化道，在肠道中生长繁殖并产生毒素，致使动物形成毒血症而死亡。不同年龄、品种、性别均可感染。但 6 个月至 2 岁的羊比其他年龄的羊发病率高。

（二）临床症状

感染发病的羊病程很短，一般为 3～6 小时，往往不见早期症状而死亡，有时可见突然无神，剧烈痉挛，侧身卧地，咬牙，眼球突出，惊厥而死。以腹膜炎、溃疡性肠炎和急性死亡为特征。

（三）防治措施

参照羊快疫的防治措施进行。

三、羊黑疫

羊黑疫又称传染性坏死性肝炎，是山羊和绵羊的一种急性、高度致死性毒血症，以肝实质发生坏死病灶为特征。

（一）流行特点

通常 1 岁以上的羊发病，以 2～4 岁膘情好的肥胖羊发生最多，牛偶可感染。主要在春、夏季发生于肝片吸虫流行的低洼潮湿地区。

（二）临床症状

病程十分急促，绝大多数情况是未见有病而突然发生死亡。少数病例病程稍长，可拖延 1～2 天，但没有超过 3 天的。病畜掉群，不食，呼吸困难，体温 41.5 ℃左右，呈昏睡俯卧，并保持在这种状态突然死去。

（三）防治措施

预防本病首先在于控制肝片吸虫的感染，其次在常发地区应每年定期进行预防接种，免疫方法参见羊快疫。发生本病后，应将羊群转移至干燥地区，对病羊可用抗诺维梭菌血清治疗。

四、羊肠毒血症

羊肠毒血症是羊的一种急性非接触性传染病。病的临床症状与羊快疫相似，故又称类快疫。死后肾组织多半软化，故还称软肾病。本病分布较广，常造成病羊急性死亡，对养羊业危害很大。

（一）流行特点

本病主要发生于绵羊，尤其以 1 岁左右和膘情好的羊发病较多，2 岁以上的羊患此病的较少。牧区常发生于春末至秋季，农区于夏收、秋收季节发生，多见于采食大量的多汁青饲料之后。羊采食了带有病菌的饲草，经消化道进入体内，病菌在羊的肠道内大量繁殖，产生毒素而引起本病。雨季及气候骤变和在低洼地区放牧，可促进本病发生。本病多呈散发。

（二）临床症状

本病的特点为突然发作，很少能见到症状，大多呈急性经过或在看到症状后很快倒毙。病羊突然不安，向上跳跃、痉挛，迅速倒地，昏迷，呼吸困难，随后窒息死亡。有的病羊以抽搐为特征，倒毙前四肢快速划动，肌肉抽搐，眼球转动，磨牙，空嚼，口涎增多，随后头颈抽搐，常于 2～4 小时内死亡。有的病羊以昏迷为特征，病初步态不稳，以后倒卧，继而昏迷，角膜反射消失。有的伴发腹泻，排黑色或深绿色稀便，往往在 3～4 小时内静静地死去。

（三）防治措施

在初夏季节曾经发过病的地区，应该减少抢青。秋末时节，应尽量到草黄较迟的地方放牧。在农区，应针对诱因，减少或暂停抢茬，同时加强羊只运动。在常发地区，应定期接种菌苗。病死羊一律烧毁或深埋。

治疗本病尚无理想的办法。一般口服磺胺脒 10~12 克/次，结合强心、镇静、解毒等对症治疗，有时能治愈少数羊只，也可灌服 10% 石灰水，大羊 200 毫升、小羊 50~80 毫升。

五、口蹄疫

口蹄疫是偶蹄兽的一种急性、热性、高度接触性传染病。山羊、绵羊共患，人也可感染。世界很多国家都有本病的流行，给养殖业带来很大的损失。本病被世界动物卫生组织（OIE）列为 A 类传染病之一。

（一）流行特点

口蹄疫能侵害多种动物，但主要侵害偶蹄兽。本病的发病季节因地而异，牧区的流行一般是秋末开始，冬季加剧，春季减轻，夏季平息。但在农区这种季节性表现很不明显。本病传播猛烈，流行广泛，一旦发生，常呈流行性，甚至呈暴发式，如果防疫措施有力，亦可呈地方流行性。

（二）临床症状

潜伏期 1 周左右，平均为 3 天。山羊的病变比绵羊多，症状表现为病初体温升高至 40~41 ℃，精神委顿，食欲减退，闭口流涎，跛行。绵羊多在口膜上发生水疱，山羊常有弥漫性口膜炎。1~2 天后唇内面、齿龈、舌面和颊黏膜发生水疱，不久水疱破溃，形成边缘不整齐的红色烂斑。与此同时或稍后，趾间及蹄冠皮肤表现热、肿、痛，继而发生水疱、烂斑，水疱多在腭部和舌面，蹄部水疱较小，有时乳头上也有病变。羔羊常发生出血性肠炎，也可能发生心肌炎而死亡。病羊跛行，水疱破溃后，体温下降，全身症状好转。如果蹄部继发细菌感染，局部化脓坏死，会使病程延长，甚至蹄匣脱落。乳头部位皮肤有时也可出现水疱、烂斑。

（三）防治措施

1. 预防

平时主要积极做好防疫工作，不要从疫区购买羊只，必须购买时要加强检疫，认真做好定期的预防注射。发生口蹄疫后，要严格执行封锁、隔离、消毒、紧急预防接种、治疗等综合性防治措施。通常按疫区地理位置采取环形免疫法，由外向内开展防疫工作，以防疫情扩大。疫苗接种前，必须弄清当地或附近的口蹄疫病毒型，然后用相同病毒型的疫苗接种。常发的地区应定期接种口蹄疫弱毒苗，目前有甲、乙两型弱毒疫苗，必要时两型同时注射。病羊粪便、残余饲料、垫草应烧毁或运至指定地点堆积发酵。

2. 治疗

口蹄疫轻症病羊经过 10 天左右都能自愈，但是为了缩短病程，防止继发感染，应在隔离的条件下，及时治疗。对于口腔病变，用清水、食醋、0.1%明矾溶液或碘甘油洒布，也可用冰硼散（冰片 150 克、硼砂 1 500 克、芒硝 180 克，共研细末）撒布。对于蹄部病变，用 3%来苏尔清洗蹄部，涂擦龙胆紫溶液、碘甘油或碘酊，用绷带包扎。对于乳房病变，可以用肥皂水或 2%～3%硼酸水清洗，然后涂以氧化锌鱼肝油软膏。除局部治疗外，还可用安钠咖等强心剂。有条件者，可用口蹄疫高免血清治疗，剂量为每千克体重 1～2 毫克，效果更好。

我国规定发病后及时报告，立即扑杀，不允许进行治疗。一旦发生本病，应本着早、快、严、小的方针，采取扑杀、封锁、隔离、消毒，来往的车辆也要进行消毒处理。对疫区内和受威胁区的健康羊进行紧急预防注射等措施。对疫区的羊只进行焚烧填埋处理。

六、羊传染性脓疱病

羊传染性脓疱病又称羊传染性脓疱性皮炎，俗称"羊口疮"，是由羊传染性脓疱病毒引起的山羊和绵羊的接触性传染病。

（一）流行特点

本病是羊场常见的一种传染病，各品种和性别的羊均可感染，但以羔羊、幼羊（2～5月龄）最易感，常呈群发性流行。成年羊发病较少，多为散发。发病无明显的季节性，以春、夏季更多见。而且由于病毒的抵抗力较强，所以一旦发生可以连续危害多年。对羔羊的生长影响较大。

（二）临床症状

潜伏期3～8天，临床上主要有唇型、蹄型和外阴型3种病型。

1. 唇型

为最常见的病型。病羊先在口角、上唇或鼻镜上发生散在的小红点，逐渐变为丘疹或小结节，继而发展成水疱或脓疱，脓疱破溃后形成黄色或棕色的疣状结痂。由于渗出物继续渗出，痂垢逐渐扩大、加厚。若为良性经过，1～2周内患处痂皮干燥、脱落，可恢复正常。

2. 蹄型

仅出现在绵羊上，多为一肢患病，也有多肢发病的。常在蹄叉、蹄冠或细部皮肤上形成水疱，后变为脓疱，破裂后形成脓液覆盖的溃疡。

3. 外阴型

较少见，病羊有黏性和脓性阴道分泌物。肿胀的阴唇和附近皮肤发生溃疡，乳头、乳房皮肤上发生脓疱、烂斑和痂垢。公羊阴茎鞘肿胀，阴茎鞘皮肤和阴茎上出现脓疱和溃疡。

（三）防治措施

1. 预防

（1）不从疫区引进羊只，如必须引进，应隔离检疫 2～3 周，并多次彻底消毒蹄部。

（2）避免饲喂带刺的草或在带刺植物的草场放牧。适时加喂适量食盐，以减少肉羊啃土、啃墙损伤皮肤、黏膜的机会。

（3）在本病流行地区，可使用与当地流行毒株相同的弱毒疫苗株作免疫接种。每年 3 月和 9 月各注射 1 次羊口疮弱毒细胞冻干疫苗，不论大小，每只羊口腔黏膜内注射 0.2 毫升，免疫期 1 年。

2. 治疗

先清除发病部位的痂皮、脓疱皮，接着用 0.1%高锰酸钾溶液、5%硫酸铜溶液、明矾溶液等清洗创面，再用冰硼散粉末和水调成糊状，涂抹患部，隔日涂药 1 次，连用 2～3 次，至患部痂皮或结痂脱落；在病初和肉芽组织生长愈合阶段用 2%碘油药液涂抹，以减少对黏膜的刺激，保护新生组织，重者要用 5%碘油药液，每日早晚各 1 次，直至治愈为止。对继发感染体温升高的病羊，可用青霉素、链霉素配合利巴韦林肌内注射，每天 2 次，连用 3 天治疗效果更好。

碘油的配制：先将 2～5 克碘片倒入少许 70%～95%酒精中溶解，再加入植物油配成 2%和 5%两种浓度。植物油常选用菜籽油、花生油或棉籽油，以花生油疗效最好。

七、羔羊痢疾

羔羊痢疾是一种初生羔羊常发的急性传染病，专门侵害出生后 1 周左右的羔羊。

（一）流行特点

本病主要危害 7 日龄以内的羔羊，其中又以 2～3 日龄的发病最多，7 日龄以上的很少患病。传染途径主要是通过消化道，如果健康羔羊与患病羊同饮一盆水，则易被感染；也可能通过脐带或创伤传染。天气寒冷骤变能促进本病的发生。每年立春前后发病率较高。病羔羊和带菌母羊是本病的主要传染源。

(二) 临床症状

自然感染的潜伏期为 1～2 天，病初精神委顿、低头弓背、怕冷、不断咩叫、不想吃奶。不久就发生腹泻，粪便恶臭，有的稠如面糊，有的稀薄如水，粪便呈绿色、黄色、黄绿色或灰白色，到了后期，有的还含有血液，直到成为血便。病羔逐渐虚弱，卧地不起。若不及时治疗，常在 1～2 天内死亡。羔羊如果以神经症状为主的，则四肢瘫软，卧地不起，呼吸急促，口流白沫，最后昏迷，头向后仰，体温降至正常温度以下，常在数小时到十几小时内死亡。如果后期粪便变黏稠则表示病情好转，有治愈的可能。

(三) 防治措施

1. 预防

在母羊产前 14～20 天接种厌气性五联菌苗，皮下或肌内注射 5 毫升，初生羔羊吸吮免疫母羊的乳汁，可获得被动免疫。在常发痢疾地区，羔羊生后 12 小时灌服土霉素 0.15～0.2 克，每天1 次，连服 3 天。也可用羔羊痢疾甲醛苗进行预防，第 1 次在分娩前 20～30 天，在后腿内侧皮下注射菌苗 2 毫升；第 2 次在分娩前 10～20 天，在另一侧后腿内侧皮下注射菌苗 3 毫升，这样初生的羔羊可获得被动免疫。

2. 治疗

本病可参考下列一些药物进行治疗。

（1）土霉素或胃蛋白酶 0.2～0.3 克，一次内服，每天服2 次。

（2）磺胺脒 25 克、次硝酸铋 6 克，加水 100 毫升，混匀，每次服 4~5 毫升，每日服 2 次。

（3）用胃管灌服 6% 硫酸镁溶液（内含 0.5% 的福尔马林）30~60 毫升，6~8 小时后再灌服 1% 高锰酸钾溶液 1~2 次。

（4）每天服 3 次泻痢宁，每次服 3~5 毫升，连服 3 天为一疗程。

八、羊布鲁氏菌病

布鲁氏菌病是由布鲁氏菌引起的人、畜共患的慢性传染病，主要侵害生殖系统。羊感染后，以母羊发生流产和公羊发生睾丸炎为特征。本病分布很广，不仅感染各种家畜，而且易传染给人。

（一）流行特点

母羊较公羊易感性高，性成熟后对本病极为易感。消化道是主要感染途径，也可经配种感染。羊群一旦感染此病，主要表现是孕羊流产，开始仅为少数，以后逐渐增多，严重时可达半数以上，多数病羊流产 1 次。

（二）临床症状

多数病例为隐性感染。怀孕羊发生流产是本病的主要症状，但不是必有的症状。流产多发生在怀孕后的 3~4 个月。有时患病羊发生关节炎和滑液囊炎而致跛行，公羊发生睾丸炎，少部分病羊发生角膜炎和支气管炎。

（三）防治措施

本病无治疗价值，一般不予治疗。但对价格昂贵的种羊，可在隔离条件下，用 0.1% 高锰酸钾溶液冲洗阴道和子宫，必要时用磺胺和抗生素治疗。

未发生过本病的地区，坚持自繁自养的方针，不从疫区引进家畜和畜产品及饲料。如果一定要引入的，要先隔离2个月，检疫后，健康者方可引进并混群。非安全区每年要用凝集反应、变态反应定期进行2次检疫，发现带菌者和病畜，进行隔离和淘汰，肉经过高温处理后可以食用。严格隔离病羊，流产胎儿、胎衣、羊水及分泌物和排泄物等要深埋或焚烧处理，污染的圈舍、运动场及用具等要用10%石灰水、2%氢氧化钠溶液、5%来苏尔或10%漂白粉液等彻底消毒。粪便发酵处理，乳汁及乳制品等可采用巴氏消毒法灭菌或经煮沸处理，病畜的皮革经5%来苏尔浸泡24小时后可利用。种公畜配种前要严格检疫，健康者方可配种。

目前我国使用的为布鲁氏菌猪型2号疫苗，其免疫方法是：第一年对全群羊只做预防接种（以后每年仅对幼畜接种菌苗），之后每隔1年接种1次，直到达到国家规定的控制标准时，才停止接种疫苗。全群动物连续接种疫苗2~3年后，不再接种，应加强检疫和淘汰病畜，当发现仍有布鲁氏菌病时，应继续接种疫苗。方法是把该疫苗放在水槽内，让羊饮水免疫，饮水前要根据天气情况让羊停止饮水1天或半天，也可分2次饮用。

九、羊痘

羊痘又称羊天花、羊出花，侵害绵羊的叫绵羊痘，侵害山羊的叫山羊痘。山羊痘是家畜痘病中最严重的一种，是急性接触性传染病。绵羊和山羊互相不传染，绵羊比山羊更容易感染。羊痘传播快、流行广泛、发病率高，妊娠羊易引起流产，经常造成严重的经济损失。

（一）流行特点

所有品种、性别和年龄的羊均可感染，但细毛羊和纯种羊易感性大，病情也较重，传播也快；羔羊较成年羊敏感，病死率也高。本病主要流行于冬末春初。气候严寒、雨雪、喂霜冻饲草和饲养管理不良等因素都可促进发病和加重病情。

（二）临床症状

潜伏期 6~8 天，病羊体温升高到 41~42 ℃，呼吸、脉搏加快，结膜潮红肿胀，流黏液性鼻液，鼻腔有浆液性分泌物。偶有咳嗽，眼肿胀，眼结膜充血，有浆液性分泌物。持续 1~4 天后，即出现痘疹，显示本病的典型症状。痘疹多发于无毛或少毛部位，如眼睛、唇、鼻、外生殖器、乳房、腿内侧、腹部等。开始时为红斑，1~2 天后形成丘疹，呈球状突出于皮肤表面。指压褪色，逐渐变为水疱，内有清亮黄白色的液体。中央常常下陷呈脐状。水疱经过 2~5 天变为脓疱，如果没有继发感染，则在几天内逐渐干燥，形成棕色痂皮，痂皮下生长新的上皮组织而愈合，病程为 2~3 周。羊痘对成年羊危害较轻，死亡率为 1%~2%，而患病的羔羊死亡率则很高。

（三）防治措施

1. 预防

平时加强饲养管理，注意羊圈清洁卫生、干燥。新购入的羊只，须隔离观察，确定健康后再混群饲养。在羊痘疫区和受威胁区的羊只，应定期进行预防接种。发病后应立即封锁疫区，隔离病羊。轻症的对症治疗，重症的宜急宰处理，对尚未发病的羊只或邻近受威胁的羊群，应紧急接种羊痘鸡胚化弱毒疫苗。不论羊只大小，绵羊一律在尾根或股内侧皮下注射疫苗 0.5 毫升，山羊为 2 毫升，注射后 4~6 天产生可靠的免疫力，免疫期 1 年。也可每年定期预防注射氢氧化铝羊痘疫苗，皮下注射，成年羊 5 毫升，羔羊 3 毫升，免疫期 5 个月。细毛羊对该疫苗的反应较强。

病死羊尸体应深埋或烧毁，如需剥皮利用，必须防止散毒。病羊舍及污染的用具应进行彻底的消毒，羊粪堆积发酵后利用。

被封锁的羊群、羊场，须在最后出现的 1 只病羊死亡或痊愈 2 个月后，并经过彻底消毒方可解除封锁。

2. 治疗

隔离的病羊，如呈良性经过，通常无须特殊治疗，只需注意护理，必要时可对症治疗。对皮肤痘疹，可用 2% 硼酸水充分冲洗，再涂以龙胆紫、碘酊等药物或者克辽林软膏。口腔有病变者可以用 0.1% 高锰酸钾水或 1% 明矾水冲洗，然后于溃疡处涂抹碘甘油或龙胆紫溶液。恶性病例尚需使用磺胺类药物和青霉素、链霉素或"914"治疗。有条件者，可皮下或肌内注射痊愈羊血清，每千克体重 1 毫升，对病羔羊疗效明显。

十、小反刍兽疫

小反刍兽疫又称羊瘟、小反刍兽瘟，是由小反刍兽疫病毒引起的山羊、绵羊的高度接触传染性疾病。小反刍兽疫病毒不感染人，不属于人畜共患病。

（一）流行特点

山羊和绵羊是该病的自然宿主，山羊比绵羊更易感，临床症状更严重。可引起呼吸困难、腹泻、流产，甚至死亡。易感羊群发病率通常达 60% 以上，病死率可达 50% 以上。一年四季均可发生，但多雨季节和干燥寒冷季节多发。潜伏期一般为 4~6 天，短的 1~2 天，长者 10 天，世界动物卫生组织《陆生动物卫生法典》规定最长潜伏期为 21 天。

世界动物卫生组织将其列为必须报告的动物疫病，我国将其列为一类动物疫病，是《国家动物疫病中长期防治规划（2012—2020 年）》明确规定重点防范的外来动物疫病之一。

（二）临床症状

自然发病仅见于山羊和绵羊。山羊发病严重，绵羊偶有严重病例发生。一些康复山羊的唇部形成口疮样病变。急性型体温可上升至41 ℃，并持续3~5天。感染羊只烦躁不安，背毛无光，口鼻干燥，食欲减退。流黏液脓性鼻液，呼出恶臭气体。在发热的前4天，口腔黏膜充血、坏死，颊黏膜进行性广泛性损害、导致多涎，随后出现坏死性病灶，开始口腔黏膜出现小的粗糙的红色浅表坏死病灶，以后变成粉红色，感染部位包括下唇、下齿龈等处。严重病例可见坏死病灶波及齿垫、腭、颊部及其乳头、舌头等处。后期出现带血水样腹泻，严重脱水，消瘦，随之体温下降。出现咳嗽、呼吸异常。

（三）防治措施

1. 免疫保护

我国目前使用小反刍兽疫弱毒疫苗。该疫苗安全有效、保护期长。怀孕母羊、羔羊均可接种。但对健康状况不良的羊，应待康复后接种。疫苗保护期为3年，所有1月龄以上的羊进行一次全面免疫后，每年春、秋两季对未免疫的新生羊进行补免，同时对免疫满3年的羊追加免疫1次。

2. 严格消毒

小反刍兽疫病毒对多数消毒剂敏感。发生疫情的时候，对疫区内不同的待消毒物品，可选用不同消毒剂。对建筑物、木质结构、水泥表面、车辆和相关设施设备消毒可选用碱类（碳酸钠、氢氧化钠）、氯化物和酚化合物。人员消毒可选用刺激性小的消毒剂，如柠檬酸、酒精和碘化物（碘消灵）等。

3. 养殖场（户）的防疫措施

（1）把好"入场关"，确保引进羊只无疫。引进羊只时，要搞清楚羊只的来源和背景，不要购买没有检疫证明的羊只。羊只调入后，至少要隔离观察1个月，确认健康无病后，方可混群饲养。

（2）把好"管理关"，提高养殖场所生物安全水平。要在当地畜牧兽医部门指导下，建立健全防疫制度，加强防疫管理。做好相关场所及设施设备的清洗消毒工作。人员和运输工具进场时，要进行彻底消毒。羊群转场、放牧时，要防止交叉感染。

（3）把好"防疫关"，确保免疫密度和质量。在农业农村部批准实施免疫的地区，要在当地兽医部门的指导下做好免疫接种工作。

发现疑似小反刍兽疫患病羊后，<u>应立即隔离疑似患病羊</u>，限制其移动，加强消毒，并立即向当地兽医主管部门、动物卫生监督机构或动物疫病预防控制机构报告。小反刍兽疫是病毒性传染病，不允许治疗。按照国家现行法律法规要求，对感染羊只及同群羊必须采取扑杀和无害化处理等处置措施。需要特别强调的是，严禁私自出售或处理病死羊，否则将追究当事人法律责任。

十一、羊传染性胸膜肺炎

羊传染性胸膜肺炎又称羊支原体肺炎，是由支原体引起的羊的一种高度接触性传染病。本病以发热、咳嗽、浆液性和纤维蛋白性肺炎，以及胸膜炎为特征。

（一）流行特点

病羊是主要的传染源，其病肺组织和胸腔渗出液中含有大量病原体，主要经呼吸道分泌物排菌。本病常呈地方流行性，接触传染性很强，主要通过空气-飞沫经呼吸道传染。寒冷潮湿，羊群密集，拥挤等因素，有利于空气-飞沫传播。冬季和早春枯草季节多发。发病后病死率也较高。新疫区的暴发，几乎都是由于引进或迁入病羊或带菌羊而引起的。

（二）临床症状

潜伏期短者 5~6 天，长者 3~4 周，平均 18~20 天。根据病程和临床症状，可分为最急性、急性和慢性3种类型。

1. 最急性

病羊体温升高，可达 41~42 ℃，精神沉郁，不食，呼吸急促，随后呼吸困难，咳嗽，流浆液性鼻液，黏膜发绀，呻吟哀鸣，卧地不起，多于 1~3 天内死亡。

2. 急性

最常见。病羊体温升高，初为短湿咳，流浆液性鼻液，随后变为痛苦的干咳，流黏脓性铁锈色鼻液，高热不退，呼吸困难，痛苦呻吟，弓腰伸颈，腹肋紧缩（妊娠羊大批流产），最后倒卧，精神委顿，衰竭死亡，死前体温下降。病期 1~2 周，有的达 3 周以上。

3. 慢性

多见于夏季。病羊全身症状较轻，体温降至 40 ℃左右，间有咳嗽、腹泻、流鼻液，身体衰弱，被毛粗乱。

（三）防治措施

1. 预防

（1）坚持自繁自养，不从疫区购羊。新引进的羊应隔离观察 1 个月，确认无病后方可混群。

（2）在疫区内，每年用羊传染性胸膜肺炎氢氧化铝苗进行预防注射。皮下或肌内注射，6 个月龄以上 5 毫升，6 个月龄以下 3 毫升。肉羊注射后 14 天产生免疫力，免疫期为 1 年。

（3）病菌污染的环境、用具等，均应用 2%氢氧化钠溶液或 10%含氯石灰溶液等彻底消毒。

2. 治疗

（1）氟苯尼考，按每千克体重 20 毫克肌内注射，每 2 天 1 次。

（2）10%磺胺嘧啶钠注射液，按每千克体重 0.5~1.0 毫升皮下注射，或肌内注射，一日 2~3 次，连用 2~3 天。也可以用 5%葡萄糖氯化钠注射液 500~1 000 毫升+10%磺胺嘧啶钠注射液 3~5 克+维生素 C 10~52 克，静脉滴注，每日 2 次。

第二节　常见寄生虫病

一、羊肝片吸虫病

（一）发病原因

该病由肝片吸虫寄生于肝脏胆管内引起，表现为慢性或急性肝炎和胆管炎，同时伴发全身性中毒现象及营养障碍等症状。

（二）临床症状

急性型病羊初期发热，衰弱，易疲劳，离群落后；叩诊肝区半浊音界扩大，压痛明显；很快出现贫血、黏膜苍白、红细胞及血红素显著降低；严重者多在几天内死亡。慢性型病羊表现为消瘦、贫血、黏膜苍白、食欲缺乏、异嗜，被毛粗乱无光泽，且易脱落，步行缓慢；眼睑、颌下、胸下、腹下出现水肿，便秘与下痢交替发生；剖检可见肝脏肿大。

（三）防治措施

一般 1 年驱虫 2 次。阿苯达唑（抗蠕敏）为广谱驱虫药，剂量按每千克体重 15~20 毫克，口服。硝氯酚对灭杀成虫具高效，剂量为每千克体重 4~5 毫克，口服。碘醚柳胺驱除成虫和 6~12 周的未成熟肝片吸虫都有效，剂量为每千克体重 7.5 毫克，口服。肝蛭净注射液是肝片吸虫病的特效药。

二、脑棘球蚴病

（一）发病原因

羊是多头绦虫的中间宿主，因吃下犬粪中的多头绦虫卵而受到感染。虫卵在羊体内发育为蚴虫，蚴虫移行至脑部，发育为囊状虫体。

（二）临床症状

少数病羊初期表现为兴奋、无目的地转圈，易受惊吓，前冲或后退。大多数病羊初期神经症状不明显，但随着脑包虫逐渐长大，病羊精神沉郁，食欲减退，垂头呆立；虫体在脑部的寄生部位不同，出现的临床症状也不同，有的头偏向一侧做转圈运动，步态不稳，站立时四肢外展或内收，有的头向后仰，有的用头部抵物。在脑包虫感染后期，虫体寄生在脑部浅层的病羊，头骨往往变软，皮肤隆起。

（三）防治措施

第一，加强饲养管理，羊圈舍的周围尽可能减少犬的饲养，对犬粪便集中处理；第二，手术治疗，摘除病羊脑内的虫体；第三，药物治疗，可用吡喹酮进行治疗。

三、羊球虫病

羊球虫病是由球虫寄生于羊肠道所引起的一种原虫病，发病羊只呈现腹泻、消瘦、贫血、发育不良等症状，严重者衰竭而死亡，1~3月龄的羊羔发病率和死亡率较高。

（一）发病原因

各种品种的绵羊、山羊对球虫均有易感性，但山羊感染率高于绵羊；1岁以下的感染率高于1岁以上的，成年羊一般都是带虫者。流行季节多为春、夏、秋三季，冬季气温低，不利于卵囊发育，很少发生感染。本病的传染源是病羊和带虫羊，卵囊随羊粪便排至外界，污染牧草、饲料、饮水、用具和环境，经消化道使健康羊获得感染。

（二）临床症状

病羊食欲不振，轻度感染者排软便，严重感染者病初体温升高，后下降，表现为急剧下痢，排恶臭的血便，继之贫血、消瘦、腹痛。羔羊如不及时治疗，死亡率较高。耐过羊可产生免疫力。

（三）防治措施

1. 预防

（1）由于孢子化的卵囊对外界的抵抗力很强，一般对圈舍和用具使用 70~80 ℃的 3%氢氧化钠溶液消毒，必要时采用火焰消毒。

（2）成年羊和幼年羊分开饲养，给予良好的营养，增强机体的抵抗力。

2. 治疗

可选用下列方法之一。

（1）盐霉素，按每天每千克体重 0.33~1.0 毫克混饲，连喂 2~3 天。

（2）氨丙啉，按每天每千克体重 145 毫克混饲，连喂 2~3 周。

（3）对急性病例用磺胺二甲氧嘧啶，按每天每千克体重 50~100 毫克，服用 4~5 天。

四、羊虱病

（一）发病原因

羊虱是永久寄生的体外寄生虫，有严格的宿主特异性。虱在羊体表以不完全变态方式发育，经过卵、若虫和成虫 3 个阶段，整个发育期约 1 个月。

病原体是羊虱子，羊虱子可以分为两类：吸血虱和食毛虱。吸血虱嘴细长而尖，并具有吸血口器，可刺破羊体表皮肤吸取血液；食毛虱嘴硬而扁阔，具有咀嚼器，专食羊体的表皮组织、皮肤分泌物及毛、绒等。

（二）临床症状

羊虱寄生在羊的体表，可引起皮肤发炎、剧痒、脱皮、脱毛、消瘦、贫血等。病羊皮肤发痒，精神不安，常用嘴咬或蹄子蹭患部，并喜欢靠近墙角或木桩蹭痒。羊虱寄生时间长的，患部羊毛粗乱、容易断或脱落，患部皮肤变得粗糙，皮屑多，羊的吃、睡受影响，造成消瘦、贫血、抵抗力下降，并且引起其他疾病，造成死亡。

（三）防治措施

经常保持圈舍卫生干燥，对羊舍和病羊所接触的物体用0.5%~1%敌百虫溶液喷洒。由外地引进的羊必须先经过检验，确定健康后，再混群饲养。

治疗羊虱在夏季可进行药浴，如果天气较冷时，可用药液洗刷羊身体或局部涂抹。

五、细颈囊尾蚴病

细颈囊尾蚴病又名腹腔囊尾蚴病，俗称水铃铛，是各种囊尾蚴中最常见最普遍的一种。当剖开羊的腹腔时，可发现有像装着水的玻璃纸袋子一样的囊状物，即为细颈囊尾蚴。

（一）发病原因

羊感染细颈囊尾蚴，是由于感染有泡状带绦虫的犬、狼等动物的粪便中排出有绦虫的节片或虫卵，它们随着终末宿主的活动污染了牧场、饲料和饮水。细颈囊尾蚴对羔羊致病力强，往往由于六钩蚴移行至肝脏时，形成孔道，引发急性肝炎。

（二）临床症状

羊吃到绦虫卵的数目很少时，不表现症状。如果吃下虫卵很多，则因幼虫在肝实质中移行，破坏微血管而引起出血，使病羊很快死亡，尤其是羔羊更容易死亡。

急性症状为精神不好，食欲消失。引起腹膜炎时，体温上升，发生腹水。已经长成的囊尾蚴不产生损伤，也不引起症状，对羊没有危害。

（三）防治措施

目前尚无有效治疗方法。对含有细颈囊尾蚴的脏器应进行无害化处理，未经煮熟严禁喂犬；在该病的流行地区应及时给犬进行驱虫；做好羊饲料、饮水及圈舍的清洁卫生工作，防止被犬粪污染。

六、羊消化道线虫病

羊消化道线虫病是由多种线虫寄生于牛、羊等反刍动物消化道内引起的各种线虫病的总称。常见虫体有：捻转血矛线虫、食道口线虫、羊仰口线虫和毛首线虫，这些线虫分布广泛，且多为混合感染。本病特征为贫血、消瘦，可造成羊大批死亡。

（一）发病原因

患病或带虫牛、羊等反刍动物的粪便中会有大量虫卵存在。

虫卵随粪便排出体外，在适宜的条件下，约需1周，逸出的幼虫经2次蜕皮发育为第三期幼虫，此即为其感染性幼虫。该幼虫移动到牧草的茎叶上，牛、羊吃草或饮水时吞食而感染。

第三期幼虫抵抗力强，多数可抵抗干燥、低温和高温等不利因素的影响，许多种类线虫的幼虫可在牧场上越冬。此期幼虫具有背地性和向光性的特点，在温度、湿度和光照适宜时，幼虫从土壤中爬到牧草上，而当环境条件不利时又返回土壤中隐蔽。故牧草受到幼虫污染，土壤为其来源。在阴暗潮湿腐殖质多的地方放牧易于感染。

本病分布广泛，多数地区性不明显。春、夏、秋季是本病感染和发病的季节。

（二）临床症状

羊经常混合感染多种消化道线虫，而多数线虫以吸食血液为生，因此，引起宿主贫血，虫体的毒素作用干扰宿主的造血功能或抑制红细胞的生成，使贫血加重。虫体的机械性刺激，使胃、肠组织损伤，消化、吸收功能降低。表现高度营养不良，渐进性消瘦，贫血，可视黏膜苍白，下颌及腹下水肿，腹泻或顽固性下痢，有时便中带血，有时便秘与腹泻交替，精神沉郁，食欲减退，可因衰竭而死亡。尤其羔羊和犊牛发育受阻，死亡率高。死亡多发生在"春季高潮"时期。

（三）防治措施

1. 预防

应在晚秋转入舍饲后和春季放牧前各进行 1 次计划性驱虫，因地区不同，选择驱虫的时间和次数可根据具体情况酌定。羊应饮用干净的流水或井水，尽可能避免吃露水草和在低湿处放牧，以减少感染机会；粪便可进行堆肥发酵，以杀死虫卵；加强饲养管理，提高羊的抗病能力。

2. 治疗

可选用下列药物。对重症病例，应配合对症、支持疗法。

（1）左旋咪唑，羊 6~10 毫克/千克体重，1 次口服，奶羊休药期不得少于 3 天。

（2）丙硫多菌灵，羊 10~15 毫克/千克体重，1 次口服。

（3）甲苯达唑，羊 10~15 毫克/千克体重，1 次口服。

（4）伊维菌素或阿维菌素，羊 0.2 毫克/千克体重，1 次口服或皮下注射。

七、羊鼻蝇蛆病

(一) 发病原因

本病是由羊鼻蝇（又称羊狂蝇）的幼虫，寄生在羊的鼻腔及其附近的腔道（如额窦）内引起的，病羊呈现慢性鼻炎（鼻窦炎和额窦炎）症状。

(二) 临床症状

羊鼻蝇幼虫进入羊鼻腔、额窦及鼻窦后，在其移行过程中，由于体表小刺和口前钩损伤黏膜引起鼻炎，可见羊流出多量鼻液，鼻液初为浆液性，后为黏液性和脓性，有时混有血液；当大量鼻液干涸在鼻孔周围形成硬痂时，使羊发生呼吸困难。此外，可见病羊表现不安，打喷嚏，时常摇头，擦鼻，眼睑浮肿，流泪，食欲减退，日渐消瘦。症状表现可因幼虫在鼻腔内的发育期不同而持续数月。通常感染不久呈急性表现，以后逐渐好转，到幼虫寄生的晚期，则疾病表现更为剧烈。有时，当个别幼虫进入颅腔损伤了脑膜或因鼻窦发炎而波及脑膜时可引起神经症状，病羊表现为运动失调，旋转运动，头弯向一侧或发生麻痹；最后病羊食欲废绝，因极度衰竭而死亡。

(三) 防治措施

防治该病应以消灭第一期幼虫为主要措施。各地可根据不同气候条件和羊鼻蝇的发育情况，确定防治的时间，一般在每年11月份进行为宜。

可用精制敌百虫治疗。口服，按每千克体重0.12克，配成2%溶液，灌服；肌内注射时，取精制敌百虫60克，加95%酒精31毫升，在瓷容器内加热溶解后，加入31毫升蒸馏水，再加热至60~65 ℃，待药完全溶解后，加水至总量100毫升，经药棉过滤后即可注射。剂量按羊体重10~20千克用0.5毫升；体重

20~30千克用1毫升；体重30~40千克用1.5毫升；体重40~50千克用2毫升；体重50千克以上用2.5毫升。

八、疥癣

疥癣又叫螨病，俗称癞病、羊癞，是指由疥螨科或痒螨科的螨寄生在羊的体表面引起的慢性、寄生性、接触性皮肤病，可以分为疥螨病和痒螨病两类。以剧痒、湿疹性皮炎、脱毛、消瘦、患部逐渐向周围扩张和具有高度传染性为本病特征，对养羊业危害很大。

（一）发病原因

本病多发于秋、冬季节，主要是通过健畜与患畜直接接触，或通过被螨及其卵所污染的厩舍、用具的间接接触引起感染。特别是饲养管理不良、卫生条件差时最容易发生，所以圈舍、运动场、饲槽等要经常打扫清理和消毒。

（二）临床症状

1. 痒螨病

山羊多发于毛长而且稠密的地方。如唇、口角、鼻孔周围，以及眼圈、耳根、乳房、阴囊、四肢内侧等部位，然后波及全身，在羊群中首先引起注意的是羊毛结成束和体躯下部泥泞不洁，然后可以看到零散的毛丛悬垂于羊体，好像披着破棉絮一样，甚至全身被毛脱光。绵羊多发于毛长而且稠密的部位，如背部、臀部、尾根等部位。

2. 疥螨病

主要在头部明显，嘴唇周围、口角两侧、鼻子边缘和耳根下面也有，奇痒、病羊极度不安、用嘴啃咬或用蹄踢患部，常在墙壁上摩擦患部。患部被毛脱落，脱毛地方可以触摸到颗粒。皮肤发红肥厚，继而出现丘疹、水疱或脓疱，破裂后流出渗出物，干燥以后形成痂皮，皮肤增厚。龟裂多发生于嘴唇、口角、耳根和四肢弯曲面。发病后期，病变部位形成坚硬白色胶皮样痂皮，虫体迅速蔓延至全身。影响羊采食及休息，使羊日渐消瘦、体质下降。

（三）防治措施

1. 预防

保持羊圈干燥清洁，羊粪经常清理，羊圈土要勤垫勤起。让羊多晒太阳，病羊要隔离治疗。从外地购入的羊，应先进行隔离观察15~30天确认无病后再混入羊群。

2. 治疗

在每年春（剪毛后）、秋季进行2次药浴。药浴药品可选用螨净、蝇毒磷、辛硫磷等。对于冬季发病的羊，可用伊维菌素进行治疗，轻度感染的治疗1次，中度和重度感染的要治疗2~3次，每次间隔1周。涂药可用克辽宁搽剂，搽剂用克辽宁1份、软肥皂1份、酒精8份调和即成。

第三节　常见普通病

一、腐蹄病

（一）发病原因

本病常发生于低湿地带，多见于湿雨季节。细菌通过损伤的皮肤侵入机体。羊只长期拥挤，环境潮湿，相互践踏，都容易使蹄部受到损伤，给细菌的侵入造成有利条件。

泥泞、潮湿且排水不良的草场可以成为疾病暴发的因素，但如草场及泥湿环境没有生活达14天的微生物，而且蹄部未被潮湿浸软或没有损伤，仅仅泥湿环境的本身是不会引起腐蹄病的。

（二）临床症状

病羊出现跛行，患蹄肿大，行走困难，严重者蹄部化脓，蹄壳脱落，有的患部生蛆。病羊食欲下降、休息不好，呈渐进式消瘦。

（三）防治措施

1. 预防

不在低洼潮湿地放牧，圈舍要勤垫勤起，保持干燥。如果日粮中缺硒、铜、锌、碘等微量元素也会引发该病，所以可以用含多种微量元素的盐砖让羊舔食以预防该病。

2. 治疗

病初期可用 10%硫酸铜溶液浸泡患蹄，每次 20～30 分钟，每日早晚各 1 次。用刀挖除化脓蹄子坏死部分，再用 0.1%高锰酸钾溶液冲洗，然后涂消炎粉或软膏。

二、羊口炎

（一）发病原因

羊口炎是羊的口腔黏膜表层和深层组织的炎症。原发性口炎多由外伤引起；继发性口炎则多发生于羊患口疮、口蹄疫、羊痘、霉菌性口炎、过敏反应和羔羊营养不良时。

（二）临床症状

病羊表现为食欲减少，口内流涎，咀嚼缓慢，欲吃而不敢吃，当继发细菌时有口臭。卡他性口炎，病羊表现口黏膜发红、充血、肿胀、疼痛，特别在唇内、齿龈、颊部明显；水疱性口炎，病羊的上下唇内有很多大小不等的充满透明或黄色液体的水疱；溃疡性口炎，在黏膜上出现有溃疡性病灶，口内恶臭，体温升高。上述各类型口炎可以单独出现，也可相继或交错发生。在临床上以卡他性口炎较为多见。继发性口炎常伴有相关疾病的其他症状。

（三）防治措施

1. 预防

预防羊口炎，要加强管理，防止外伤性原发口炎，传染病并发口炎，应隔离消毒。饲槽、饲草可用2%的碱水刷洗消毒。

2. 治疗

应喂给病羊柔软富含营养易消化的草料，并补喂牛奶、羊奶；轻度口炎的病羊可选用0.1%高锰酸钾、0.1%依沙吖啶水溶液、3%硼酸水、10%浓盐水、2%明矾水等反复冲洗口腔，洗毕后涂碘甘油，每天1~2次，直至痊愈为止；口腔黏膜溃疡时，可用5%碘酊、碘甘油、龙胆紫溶液、磺胺软膏、四环素软膏等涂拭患部；病羊体温升高，继发细菌感染时，可用青霉素40万~80万单位，链霉素100万单位，肌内注射，每天2次，连用2~3天；也可口服或注射磺胺类药物。

三、羊胃肠炎

羊胃肠炎是指羊胃肠壁表层黏膜及其深层组织出血性或坏死性炎症。由于羊胃肠生理机能类似，胃和肠的解剖结构和生理机能紧密相关，胃或肠的器质性损伤和机能紊乱容易相互影响。因此，临床上胃和肠的炎症多同时发生或相继发生，故合称为胃肠炎。

（一）发病原因

羊胃肠炎按病因分为原发性胃肠炎和继发性胃肠炎；按炎症性质分为黏液性、出血性、化脓性和纤维素性胃肠炎。引起羊胃肠炎的主要因素有饲养管理不当、饲料品质不良、过食、突然更换饲料、采食有毒植物、圈舍潮湿等。营养不良、长途运输等因素能降低羊的抵抗力，使胃肠屏障功能减弱，平时腐生于胃肠道并不致病的微生物（如大肠杆菌、坏死杆菌等），往往由于毒力增强而呈现致病作用；用药不当，给羊滥用抗生素，一方面可使细菌产生耐药性，另一方面在用药过程中造成肠道菌群失调而引起二重感染，也是致发因素。继发性胃肠炎，多见于某些传染病和寄生虫病。

（二）临床症状

临床表现是精神沉郁，食欲减退或废绝；舌苔厚，口臭；粪便呈粥样或水样，腥臭，混有黏液、血液和脱落的黏膜组织，有的混有脓液；腹痛，肌肉震颤，肚腹蜷缩。患病初期，肠音增强，随后逐渐减弱甚至消失；当炎症波及直肠时，排粪呈里急后重；病至后期，肛门松弛，排粪失禁，体温升高，心率增快，呼吸增数，眼结膜潮红或发绀，眼窝凹陷，皮肤弹性减退，尿量减少。随着病情恶化，体温降至正常温度以下，四肢冷凉，体表静脉萎陷，精神高度沉郁甚至昏睡或昏迷。慢性胃肠炎表现为食欲不定，时好时坏，或食量持续减少，常有异食癖表现。

（三）防治措施

1. 预防

由于羊胃肠炎多由饲养管理不当等因素引起，因此，预防上要做好羊的日常饲养管理工作。羊胃肠炎的治疗原则是消除炎症，清理胃肠，预防脱水，维护心脏功能，解除中毒，增强机体抵抗力。

2. 治疗

抗菌消炎，可口服磺胺脒 4~8 克，小苏打 3~5 克。或口服药用炭 7 克，萨罗尔 2~4 克，次硝酸铋 3 克，加水一次灌服。也可内服诺氟沙星，每千克体重 10 毫克；或肌内注射庆大霉素，每千克体重 1 500~3 000 单位（1 微克纯庆大霉素为 1 单位），还可选用青霉素 40 万~80 万单位（1 微克纯青霉素为 1 单位），链霉素50万单位（1微克纯链霉素为1单位），一次肌内注射，连用5天。

脱水严重者要补液，可用5%葡萄糖150~300毫升，10%樟脑磺酸钠4毫升、维生素C 100毫克混合，静脉注射，每日1~2次。

哺乳羔羊应根据下列处方治疗：鞣酸蛋白1.5克、水杨酸1克、磺胺脒1克，压成粉状，混合均匀，分4份，1日服完，以上服药时间均须分配在每两次哺乳之间，不可距离哺乳时间太近，以免影响药效。

四、羊前胃弛缓

（一）发病原因

羊前胃弛缓是前胃兴奋性和收缩力降低的疾病。主要病因是羊体质衰弱，再加上长期饲喂粗硬难以消化的饲草；突然更换饲养方法，供给精饲料过多，运动不足等；饲料品质不良，霉败，冰冻、虫蛀、染毒；长期饲喂种类单一、缺乏纤维素的饲料。此外，瘤胃膨气、瘤胃积食、肠炎以及其他内科、外科、产科疾病等，亦可继发此病。

（二）临床症状

该病常见有急性和慢性两种。

急性病羊食欲废绝，反刍停止，瘤胃蠕动力量减弱或停止；瘤胃内容物腐败发酵，产生多量气体，左腹增大，触诊不坚实。

慢性病羊精神沉郁、倦怠无力，喜欢卧地，被毛粗乱，体温、呼吸、脉搏无变化，食欲减退，反刍缓慢，瘤胃蠕动力量减弱，次数减少。若因采食有毒植物或刺激性饲料而引起发病的，则瘤胃和皱胃敏感性增高，触诊有疼痛反应，有的羊体温升高。如伴有胃肠炎时，肠蠕动显著增加，下痢，或便秘与下痢交替发生。

若为继发性前胃弛缓，常伴有原发性疾病的特征症状。因此，诊疗中要加以鉴别。

(三) 防治措施

1. 防治

防治本病，首先应消除病因，加强饲养管理，因过食引起者，可采用饥饿疗法，禁食 2~3 次，然后供给易消化的饲料，使之恢复正常。

2. 治疗

药物疗法，应先投给泻剂，清理胃肠，再投给瘤胃兴奋剂和防腐止酵剂。成年羊可用硫酸镁或人工盐 20~30 克、液状石蜡 100~200 毫升、士的宁 2 毫升、大黄酊 10 毫升，加水 500 毫升，1 次内服。10% 氯化钠 20 毫升、10% 氯化钙 10 毫升、10% 安钠咖 2 毫升，混合后，1 次静脉注射。

也可用酵母粉 10 克、红糖 10 克、酒精 10 毫升、陈皮酊 5 毫升，混合加水适量，1 次内服。瘤胃兴奋剂可用 2% 毛果芸香碱 1 毫升，皮下注射。防止酸中毒，可内服碳酸氢钠 10~15 克。另外，可用大蒜酊 20 毫升、龙胆末 10 克，加水适量，1 次内服。

五、羊瘤胃积食

瘤胃积食是瘤胃充满多量食物，使正常胃的容积增大，胃壁急性扩张，食糜滞留在瘤胃引起严重消化不良的疾病。

(一) 发病原因

该病主要是吃了过多的喜爱采食的饲料，如苜蓿、青饲、豆科牧草；或养分不足的粗饲料，如干玉米秸秆等；采食干料，饮水不足，也可引起该病的发生。

该病还可继发于前胃弛缓、瓣胃阻塞、创伤性网胃炎、腹膜炎、皱胃炎及皱胃阻塞等疾病过程。

（二）临床症状

发病较快，采食、反刍停止，病初不断嗳气，随后嗳气停止，腹痛摇尾，或后蹄踏地，拱背，哞叫。后期病羊精神萎靡。左侧腹部轻度膨大，腰窝略平或稍突出，触诊硬实。瘤胃蠕动初期增强，以后减弱或停止，呼吸促迫，脉搏增速，黏膜发绀。严重者可见脱水，发生自体酸中毒和胃肠炎。

（三）防治措施

1. 预防

加强饲养管理，防止突然变换饲料或脱缰过食；奶山羊和肉羊按日粮标准饲喂；避免外界各种不良因素的影响和刺激。

2. 治疗

轻者绝食 1~2 天，勤给饮水，按摩瘤胃，每次 10~15 分钟，可自愈。

（1）用盐类和油类泻剂配合后灌服，如硫酸镁 50 克和液状石蜡 80 毫升或加水溶解内服。

（2）5% 氯化钠溶液 50~100 毫升，静脉注射，对加强瘤胃活动有良好的作用。

（3）注射强心药，可用 10% 安钠咖 1~2 毫升，或 20% 樟脑水 3~5 毫升皮下或肌内注射。

（4）若瘤胃内容物多而坚硬，一般泻药不易奏效，应及早进行瘤胃切开术，取出胃内食物。

六、羊瓣胃阻塞

瓣胃阻塞是由于羊瓣胃的收缩力量减弱，食物排出作用不充分，通过瓣胃的食糜积聚，不能后移，充满瓣叶之间，水分被吸收，内容物变干而致病。

（一）发病原因

该病主要由于饮水不足和饲喂秕糠、粗纤维饲料而引起；或饲料和饮水中混有过多的泥沙，使泥沙混入食糜，沉积于瓣胃瓣叶之间而发病。

本病可继发于前胃弛缓、瘤胃积食、皱胃阻塞、瓣胃和皱胃与腹膜粘连等疾病。

（二）临床症状

病羊初期症状与前胃弛缓相似，瘤胃蠕动力量减弱，瓣胃蠕动消失，并可继发瘤胃臌气和瘤胃积食。触压病羊右侧第七至第九肋间，肩胛关节水平线上下时，羊表现疼痛不安。粪便干少，色泽暗黑，后期停止排粪。随着病程延长，瓣胃小叶发炎或坏死，常可继发败血症，此时可见体温升高、呼吸和脉搏加快，全身表现衰弱，病羊卧地不能站立，最后死亡。

（三）防治措施

1. 预防

预防羊瓣胃阻塞的关键在于避免饲喂大量含坚韧粗纤维的饲料，保证饲料的质量，同时注意羊的运动和饮水，以增进其消化功能。

2. 治疗

处置羊的瓣胃阻塞，应以软化瓣胃内容物为主，辅以兴奋前胃运动机能，促进胃肠内容物排出。

瓣胃注射疗法，对顽固性瓣胃阻塞疗效显著。具体方法是：准备 25%硫酸镁溶液 30～40 毫升，液状石蜡 100 毫升，在右侧第九肋间隙和肩胛关节线交界下方，选用 12 号 7 厘米长针头，向对侧肩关节方向刺入 4 厘米深，刺入后可先注入 20 毫升生理盐水，试其有较大压力时，表明针已刺入瓣胃，再将上述准备好的药液用注射器交替注入瓣胃，于翌日再重复注射 1 次。

瓣胃注射后，可用10%氯化钙10毫升、10%氯化钠50~100毫升、5%葡萄糖生理盐水150~300毫升，混合1次静脉注射。待瓣胃松软后，皮下注射0.1%卡巴胆碱0.2~0.3毫升，兴奋胃肠运动机能，促进积聚物下排。

七、羊皱胃阻塞

皱胃阻塞是皱胃内积满过多的食糜，使胃壁扩张，体积增大，胃黏膜及胃壁发炎，食物不能排入肠道所致。

（一）发病原因

主要由于饲养管理、饲料改变不当，有时饲料中混入过多的羊毛等杂物，时间一长就会形成毛团，堵塞皱胃；有的是由于消化机能和代谢机能紊乱，食糜积蓄过多，发生异嗜的结果；也见于迷走神经调节机能紊乱，继发前胃弛缓、皱胃炎、小肠秘结、创伤性网胃炎等疾病。

（二）临床症状

该病发展较缓慢，初期似前胃弛缓症状，病羊食欲减退，排粪量少，以至于停止排粪，粪便干燥，其上附有多量黏液或血丝。右腹皱胃区扩大，瘤胃充满液体，叩击皱胃区可感觉到坚硬的皱胃胃体。

（三）防治措施

1. 预防

平时要加强饲养管理，除去致病因素，尤其对饲料的品质、加工调配等要特别注意。做到定时定量喂料，供给足量的清洁饮水。冬季注意圈舍保暖和环境卫生。

2. 治疗

应先给病羊输液（见瓣胃阻塞治疗），可用25%硫酸镁溶液50毫升、甘油30毫升、生理盐水100毫升，混合进行皱胃注射。

操作方法应按如下步骤进行：首先在右腹下肋骨弓处触摸皱胃胃体，在胃体突起的腹壁部剪毛，碘酊消毒，用 12 号针头刺入腹壁及皱胃胃壁，再用注射器吸取胃内容物，当见有胃内容物残渣时，可以将要注射的药液注入。待 10 小时后，再用胃肠通注射液 1 毫升（体格小的羊用 0.5 毫升），1 次皮下注射，每日 2 次；或用氯贝胆碱注射液 2 毫升，皮下注射，亦可重复使用。

中药治疗可用大黄 9 克、油炒当归 12 克、芒硝 10 克、生地 3 克、桃仁 2.5 克、三棱 2.5 克、莪术 2.5 克、郁李仁 3 克，煎成水剂内服。

对于发病的种羊，用药物治疗无效时，可考虑进行皱胃切开术，以排除阻塞物。

羔羊哺乳期，常因过食羊奶使凝乳块聚结，充盈皱胃腔内，或因毛球移至幽门部不能下行，形成阻塞物，继发皱胃阻塞。病羔临床表现食欲废绝，腹胀疼痛，口流清涎，眼结膜发绀，严重脱水，腹泻触诊瘤胃、皱胃松软。治疗可用液状石蜡 20 克，加温水 2 毫升，1 次内服。此外，病羔可诱发胃肠炎和机体抵抗力降低，应进行全身保护性治疗。

八、羊急性瘤胃臌气

（一）发病原因

急性瘤胃臌气，是羊采食了大量易发酵的饲料，或秋季放牧羊群在草场采食了多量的豆科牧草后，迅速产生大量气体而引起的前胃疾病。冬、春两季给怀孕母羊补饲精料，群羊抢食，其中抢食过量的羊也易发病，并可继发瘤胃积食。

（二）临床症状

初期病羊表现不安，回顾腹部，拱背伸腰，腰窝突起，有时左旁腰向外突出，高于髋节或脊背水平线；反刍和嗳气停止，触诊腹部紧张性增加，叩诊是鼓音，听诊瘤胃蠕动力量减弱，次数减少，死后剖解可见瘤胃臌胀。

（三）防治措施

1. 预防

（1）不过量喂给肉羊易发酵和产气的草料，禁喂霉败变质的饲料。春季青草刚出芽，放牧前要先喂羊少量的干草。

（2）彻底清除牧地的毒草，如毒芹、毛茛和乌头等。

2. 治疗

治疗措施为排气、制酵、导泻、输液、解毒、护理等。

（1）排气。让病羊呈前高后低的站姿，将鱼石脂涂在短木棒上，横放在病羊口内两边固定。严重时，特别是有窒息的危险时，要立即对瘤胃穿刺放气。于左侧肷部的髋结节至最后肋骨一平行线的中点处，先局部剪毛消毒，再用外科刀将皮肤切一小口，将羊的套管针垂直刺入瘤胃，抽出针芯有气体排出。但不要一次排空，要间断排气，以防引起病羊缺氧性休克。

（2）制酵。每千克体重用 0.5~0.8 克氧化镁加入水溶解后口服。也可将 20~30 片消炎片研磨成粉，加水溶解后一次口服。

（3）导泻。液状石蜡 30~100 毫升、鱼石脂 3 克、酒精 10 毫升，加水内服。

（4）输液解毒。根据需要可用等渗糖盐水 200~500 毫升、小苏打 10 毫升、安钠咖 2 毫升，混合后给羊静脉注射。

（5）护理。绝食 1~2 天的羊，喂少量温盐水。羊恢复后有食欲时，先喂其少量优质干草。

九、羊创伤性网胃腹膜炎及心包炎

创伤性网胃腹膜炎及心包炎是由于异物刺伤网胃壁而发生的一种疾病。

（一）发病原因

该病主要是尖锐金属异物（如钢丝、铁丝、缝针、发卡、锐铁片等）混入饲料被羊吃进网胃，因网胃收缩，异物刺破或损伤胃壁所致。如果异物经横膈膜刺入心包，则发生创伤性网胃心包炎。异物穿透网胃胃壁或瘤胃胃壁时，可损伤脾、肝、肺等脏器，此时可引起腹膜炎及各部位的化脓性炎症。

（二）临床症状

1. 创伤性网胃腹膜炎症状

病羊精神沉郁，食欲减少，反刍缓慢或停止，行动谨慎，表现疼痛，拱背，不愿急转弯或走下坡路。触诊用手叩击网胃区及心区，或用拳头顶压剑突软骨区时，病畜表现疼痛、呻吟、躲闪。肘头外展，肘肌颤动。前胃弛缓，慢性瘤胃臌气。血液检查，白细胞总数每立方毫米高达 14 000~20 000，白细胞分类初期核左移。嗜中性粒白细胞高达 70%，淋巴细胞则降至 30% 左右。

2. 创伤性网胃心包炎症状

心动过速，每分钟 80~120 次，颈静脉怒张，粗如手指。颌下及胸前水肿。听诊心音区扩大，出现心包摩擦音及拍水音。病的后期，常发生腹膜粘连、心包积脓和脓毒败血症。

（三）防治措施

1. 预防

平时要注意检查饲料中是否有异物，特别是金属异物。在饲料加工设备中安装磁铁，以排除铁器，并严禁在牧场或羊舍内堆放铁器。饲喂人员勿带尖细的铁器用具进入羊舍，以防止混落在饲料中，被羊食入。

2. 治疗

治疗羊创伤性网胃腹膜炎及心包炎可行瘤胃切开术，清理排除异物。如病程发展到心包积脓阶段，病羊应予淘汰。

对症治疗，消除炎症，可用青霉素40万~80万单位、链霉素50万单位，1次肌内注射。亦可用磺胺嘧啶钠5~8克、碳酸氢钠5克，加水内服，每日1次，连用1周以上。亦可用健胃剂、镇痛剂。

十、羊食管阻塞

食管阻塞又称食管梗阻。食物或异物突然阻塞在食管内，发生吞咽障碍。本病按发病的程度和部位分完全阻塞和不完全阻塞以及咽部、颈部、胸部阻塞。

（一）发病原因

本病主要是由于羊抢食、贪食一大口食物或异物，又未经咀嚼便囫囵吞下所致，或在垃圾堆放处放牧，羊采食了菜根、萝卜、塑料袋、地膜等阻塞性食物或异物而引起。继发性阻塞见于异嗜癖（营养缺乏症）、食管狭窄、扩张、憩室、麻痹、痉挛及炎症等病程中。

（二）临床症状

本病发病急速，采食顿然停止，仰头缩颈，极度不安，口和鼻流出白沫，用胃导管探诊，胃管不能通过阻塞部。因反刍、嗳气受阻，常继发瘤胃臌气。诊断依据胃管探诊和X射线检查可以确诊。若阻塞物部位在颈部，可用手外部触诊摸到。

（三）防治措施

1. 预防

主要是对羊的饲喂要定时定量，勿使之过度饥饿，防止吞食过急；合理调制饲料，豆饼切碎泡开，块根类饲料要适当切碎。

2. 治疗

应采取紧急措施，排除阻塞物。治疗过程中应滑润食管的管腔，解除痉挛，消除阻塞物。治疗中若继发臌气，可施行瘤胃放气术，以防窒息。可采用吸取法，若阻塞物属草料团，可将羊保定好，送入胃管，用橡皮球吸水，注入胃管中，再吸出，反复冲洗阻塞食团，直至食管通畅；也可用送入法，若阻塞物体积不大、阻塞在贲门部，应先用胃管投入 10 毫升液状石蜡及 2%普鲁卡因 10 毫升，滑润解痉，再用胃管送入瘤胃中；还可采用砸碎法，若阻塞部位在颈部，阻塞物易碎，可将羊放倒于地，贴地面部垫上布鞋底，用拳头或木棰打击，击碎阻塞物。

十一、阴道脱出

阴道脱出是阴道部分或全部外翻脱出于阴户之外，阴道黏膜暴露在外面，引起阴道黏膜充血、发炎，甚至形成溃疡或坏死的疾病。

（一）发病原因

饲养管理不佳、羊体弱年老，致使阴道周围的组织和韧带弛缓；怀孕羊到后期腹压增大；分娩或胎衣不下而努责过强；助产时强行拉出胎儿，常常是发生阴道脱出的间接或直接原因。

（二）临床症状

阴道脱出有完全脱出和部分脱出两种情况。当完全脱出时，脱出的阴道如拳头大，子宫颈仍闭锁；部分脱出时，仅见阴道入口部脱出，大小如桃。外翻的阴道黏膜发红，甚至青紫，局部水肿。因摩擦可损伤黏膜，形成溃疡，局部出血或结痂。

阴道脱出病羊常在卧地后，被地面的污物、垫草、粪便黏附于脱出的阴道局部，导致细菌感染而化脓或坏死。严重者，全身症状明显，体温可高达 40 ℃以上。

（三）防治措施

1. 预防

改善妊娠母羊的饲养管理条件，保证饲料营养均衡，并且每天要保证适当的运动。母羊避免过肥，发生难产时人工助产不可粗暴地强拉硬拽，羊舍地面的倾斜度不宜过大等可以有效预防该病的发生。

2. 治疗

体温升高者，用磺胺双甲基嘧啶 5~8 克，每日 1 次内服，连用 3 日；或用青霉素和链霉素肌内注射。用 0.1%高锰酸钾溶液或新洁尔灭溶液清洗局部，涂擦金霉素软膏或碘甘油溶液。整复脱出的阴道，用消毒纱布捧住脱出的阴道，由脱出基部向骨盆腔内缓慢地推入，至快送完时，用拳头顶进阴道；然后用阴门固定器压迫阴门，固定牢靠为止，对形成习惯性脱出者，可用粗线对阴门四周做减张缝合，待数日后，阴道脱出症状减轻或不再脱出时，拆除缝线。

十二、乳房炎

乳房炎是乳腺、乳池、乳头局部的炎症，多见于泌乳期的绵羊、山羊。

（一）发病原因

多因挤乳人员技术不熟练，损伤了乳头、乳腺体；或因挤乳人员手臂不卫生，使乳房受到细菌感染；或羔羊吮乳咬伤乳头。亦见于结核病、口蹄疫、子宫炎、羊痘、脓毒败血症等过程中。

（二）临床症状

轻者不显临床症状，病羊全身无反应，仅乳汁有变化。一般多为急性乳房炎，乳房局部肿胀、硬结，乳量减少，乳汁变性，其中混有血液、脓汁等，乳汁有絮状物，褐色或淡红色。炎症延续，病羊体温升高，可达41 ℃。挤乳或羔羊吃乳时，母羊抗拒、躲闪。若炎症转为慢性，则病程延长。由于乳房硬结，常丧失泌乳机能。脓性乳房炎可形成脓腔，使脓体与乳腺相通，若穿透皮肤可形成瘘管。山羊可患坏疽性乳房炎，为地方流行性急性炎症，多发生于产羔后4~6周。剖检，可见乳腺肿大，较硬。

（三）防治措施

1. 预防

注意挤乳卫生，扫除圈舍污物，在绵羊产羔季节应经常注意检查母羊乳房。为使乳房保持清洁，可用0.1%新洁尔灭溶液经常擦洗乳头及其周围。

2. 治疗

（1）病初可用青霉素40万单位、0.5%普鲁卡因5毫升，溶解后用乳房导管注入乳孔内，然后轻揉乳房腺体部，使药液分布于乳房腺中。也可应用青霉素、普鲁卡因溶液在乳房基部封闭，或应用磺胺类药物抗菌消炎。为了促进炎性渗出物吸收和消散，除在炎症初期冷敷外，2~3天后可施热敷，用10%硫酸镁水溶液1 000毫升，加热至45 ℃，每日外洗热敷1~2次，连用4次。

（2）对脓性乳房炎及开口于乳池深部的脓肿，用0.1%~0.25%依沙吖啶溶液，或用3%过氧化氢溶液，或用0.1%高锰酸钾溶液冲洗消毒脓腔，引流排脓。必要时应用四环素族药物静脉注射，以消炎和增强机体抗病能力。

十三、胎衣不下

胎衣不下是指孕羊产后4~6小时，胎衣仍排不下来的疾病。

（一）发病原因

该病多因孕羊缺乏运动，饲料中缺乏钙盐、维生素，饮饲失调，体质虚弱。此外，子宫炎、布鲁氏菌病等也可致病。

（二）临床症状

病羊常表现拱腰努责，食欲减少或废绝，精神较差，喜卧地，体温升高，呼吸脉搏增快。胎衣久久滞留不下，可发生腐败，从外阴中流出污红色腐败恶臭的恶露，其中带有灰白色未腐败的胎衣碎片或脉管。当全部胎衣不下时，部分胎衣从外阴垂露于后肢跗关节部。

（三）防治措施

1. 预防

为了预防本病，可用亚硒酸钠-维生素 E 注射液，在妊娠期肌内注射 3 次，每次 0.5 毫升。

2. 治疗

（1）药物疗法。病羊分娩后不超过 24 小时的，可应用马来酸麦角新碱 0.5 毫克，1 次肌内注射；垂体后叶素注射液或催产素注射液 0.8~1.0 毫升，1 次肌内注射。

（2）手术剥离法。应用药物疗法已达 48~72 小时而不奏效者，应立即采用此法。宜先保定好病羊，按常规准备及消毒后，进行手术。一手握住阴门外的胎衣，稍向外牵拉；另一手沿胎衣表面伸入子宫，可用食指和中指夹住胎盘周围绒毛成一束，以拇指剥离开母子胎盘相互结合的周边，剥离半周后，手向手背侧翻转以扭转绒膜，使其从小窝中拔出，与母体胎盘分离。子宫角尖端难以剥离，常借子宫角的反射收缩而上升，再行剥离。最后用抗生素或防腐消毒药，如土霉素 2 克，溶于 100 毫升生理盐水中，注入子宫腔内；或注入 0.2%普鲁卡因溶液 30~50 毫升。

（3）自然剥离法。不借助手术剥离，而辅以防腐消毒药或抗生素，让胎膜自行排出，达到自行剥离的目的。可于子宫内投放 0.5 克土霉素胶囊，效果较好。

十四、母羊难产

（一）发病原因

难产是指分娩过程中胎儿排出困难，不能将胎儿顺利地送出产道。其病从临床检查结果分析，难产的原因常见于阵缩无力、胎位不正、子宫颈狭窄及骨盆腔狭窄等。

（二）临床症状

难产多发生于超过预产期。妊娠羊现不安，不时徘徊，阵缩及努责，呕吐，阴唇松弛湿润，阴道流出胎水、污血及黏液，时而回头顾腹及阴部，但经 1~2 天仍不产仔，有的外阴部夹着胎儿的头或腿，长时间不能产出。随难产时间的延长，妊娠母羊精神变差，痛苦加重，表现呻吟、爬动、精神沉郁、心率加快、呼吸加快、阵缩减弱。病至后期阵缩消失，卧地不起，甚至昏迷。

（三）防治措施

1. 预防

（1）对于留作繁殖用的母羊，从小就要加强饲养管理，保证发育良好，体格健壮。怀孕期间，保持母羊体况良好，但不可过肥。

（2）对于接近预产期的母羊，应进行分群，特别多加照管。准备好分娩场所，天气温暖时，可在露天生产，但必须备有羊棚，以防天气突然变化时应用。

（3）在大牧场，应备有较大的空气良好的产圈或产棚，除了干燥及排水良好外，还应装置分娩栏。每个分娩栏的大小约为 15 米^2，可排列成行，将临产羊和产后羊放于栏内，由经验丰富的饲养员护理。清晨和傍晚，母羊分娩较多，应该有专人值班，特别注意接产。

（4）在分娩过程中，要尽量保持环境安静，接产人员不要高声喧哗，也不要让狗在羊群中惊扰。

（5）对于分娩的异常现象，要做到尽早发现，及时处理。

2. 治疗

母羊难产时要及时进行人工助产或剖腹产。

（1）人工助产。具体方法是在母羊体躯后侧，用膝盖轻轻压其肋部，等羔羊的嘴端露出后，用手向前推动母羊会阴部，羔羊头部露出后，再一手托住头部，一手握住前肢，随着母羊的努责向下方拉出胎儿。羊膜破水 30 分钟，如母羊努责无力，羔羊仍未产出时，应立即助产。助产人员应将手指甲剪短，磨光，消毒手臂，涂上润滑油，根据难产情况采取相应的处理方法。如胎位不正，先将胎儿露出部分送回阴道，将母羊后躯抬高，手入产道矫正胎位，然后才能随母羊有节奏的努责，将胎儿拉出；如胎儿过大，可将羔羊两前肢数次拉出和送入，然后一手拉前肢，一手扶头，随母羊努责缓慢向下方拉出。切忌用力过猛或不根据努责节奏硬拉，以免拉伤阴道。

（2）剖腹产。当临产母羊子宫颈扩张不全或子宫颈闭锁，胎儿不能产出，或骨骼变形，致使骨盆腔狭窄，胎儿不能正常通过产道而造成难产时，可进行剖腹产。

十五、羔羊假死

在母羊分娩过程中，经常会出现新生羔羊呼吸比较微弱，或者没有呼吸，而心脏依旧能够正常跳动的现象，这称为羔羊假死或者窒息。该病通常具有较短的病程，如果没有及时进行抢救，会导致羔羊死亡，但如果发现后及时进行治疗，能够将其救活。

（一）发病原因

（1）对接产工作组织不当，严寒的夜间分娩时，因无人照料，使羔羊受冻太久。

（2）难产时脐带受到压迫，或胎儿在产道内停留时间过长，有时是因为倒生，助产不及时，使脐带受到压迫，造成循环障碍。

（3）母羊有病，血内氧气不足，二氧化碳积聚多，刺激胎儿过早地发生呼吸反射，以致将羊水吸入呼吸道。例如，母羊贫血或患严重的热性病时。

（二）临床症状

羔羊出生后横卧不动，双眼紧闭，舌头伸出口腔，口腔呈紫色，呼吸非常微弱或者完全停止。有羊水或者黏液积聚在鼻腔和口腔内，对肺部听诊存在湿啰音，体温降低。重度假死会导致全身松软，没有任何反射，只有心脏能够微弱跳动。

（三）防治措施

1. 预防

（1）在产羔季节，应进行严密的组织安排，夜间必须有专人值班，及时进行接产，对初生羔羊精心护理。

（2）在分娩过程中，如遇到胎儿在产道内停留较久，应及时进行助产，拉出胎儿。

（3）如果母羊有病，在分娩时应迅速助产，避免延误而发生窒息。

2. 治疗

要实施急救措施，急救方法如下。

先把羔羊呼吸道内的黏液和胎水清除掉，擦净鼻孔，向鼻孔吹气或进行人工呼吸。将羔羊放在前低后高地方仰卧，手握前肢，反复前后屈伸。或倒提起羔羊，用手轻拍胸部两侧。还可向羔羊鼻内喷烟，可刺激羔羊喘气。对冻僵的羔羊，应立即移入暖室进行温水浴，水温由 38 ℃逐渐升至 40 ℃，洗浴时将羔羊头露出水面，切忌呛水，水浴时间为 20~30 分钟，如冻僵时间短，可使其复苏。

十六、角膜炎

（一）发病原因

多由于外伤或异物误入眼内而引起。眼角暴露、细菌感染、营养障碍、邻近组织病变的蔓延等均可诱发本病。

（二）临床症状

特征性症状为畏光、流泪、疼痛、眼睑闭合、角膜混浊、角膜缺损或溃疡。

由于铁器锐物刺伤，如果铁片还存留在眼角膜内，其周围可见铁锈色晕环。如果是由于化学物质引起的热伤，轻者可见角膜上皮被破坏，形成银灰色混浊。如果深层受伤，则出现溃疡或坏疽，呈明显的灰白色。

（三）防治措施

1. 预防

做好圈舍卫生消毒工作，经常开窗通风，以更换圈舍空气和降低圈舍湿度。当羊出现传染性角膜炎时，应及时进行隔离治疗，避免其与健康羊接触。当羊群出现发病后，可给羊群饮复合多维、黄芪多糖粉或清瘟败毒康等药物以减少发病。

2. 治疗

（1）为了促进角膜混浊的吸收，可向坏眼点入 40% 葡萄糖溶液或自家血；也可用自家血眼睑皮下注射。

（2）每天静脉注射 5% 碘化钾溶液 20～40 毫升，连用 7 天，或每天内服碘化钾 5～10 克，连服 5～7 天。

（3）剧烈疼痛者，可用 10% 颠茄软膏或 5% 乙基吗啡软膏涂于患眼内。

十七、羔羊白肌病

（一）发病原因

羔羊白肌病又称肌营养性不良症，以 2～6 周龄羔羊的骨骼肌、心肌纤维及肝组织等发生变性、坏死为主要特征。本病的发生主要是饲料中硒和维生素 E 缺乏，或饲料内钴、锌、银、钒等微量元素含量过高而影响羊对硒的吸收。冬季和早春缺乏青绿饲料时，母乳中缺少微量元素硒，易引发本病。

（二）临床症状

病羊表现精神委顿，食欲减退，常有腹泻。黏膜苍白，有的发生结膜炎。运动无力，站立困难，卧地不起，出现血尿，心律不齐，脉搏 150~200 次/分。有时病羊发生强直性痉挛，随即呈现麻痹状，于昏迷中死亡。有的羔羊病初不见异常，往往在放牧过程中因惊动而剧烈运动，或过度兴奋而突然死亡。

（三）防治措施

1. 预防

（1）加强母羊饲养管理，饲料中供给豆科牧草，日粮中增加燕麦或大麦芽，补给磷酸钙，亦可拌入富含维生素 E 的植物油，如棉麻籽油、菜籽油。

（2）母羊产羔前补硒，分娩前 2~3 个月皮下或肌内注射0.1%亚硒酸钠-维生素 E 复合制剂 5 毫升，隔 4~6 周再注射 1 次。

（3）羔羊出生后 1~3 天皮下或肌内注射 0.1%亚硒酸钠-维生素 E 复合制剂 1~2 毫升，15 天后再注射 1 次，以后每隔 4~6周注射 1 次，直至断奶后 2 个月，可很好地控制本病的发生。

2. 治疗

病羊肌内注射 0.1%亚硒酸钠-维生素 E 复合制剂，每只羔羊 2 毫升，间隔 2~3 天再注射 1 次；同时，补饲精饲料和添加多维、微量元素添加剂。

十八、羊尿结石

（一）发病原因

3~5 月龄羔羊和种公羊易发生尿结石。母羊的尿结石能通过扩张的尿道，而公羊尿道有弯曲，不仅尿道不易扩张，而且结石还会在弯曲处沉积，造成排尿障碍，如治疗不及时易引起尿毒症或膀胱破裂而死亡。发生原因是日粮中钙磷比例不平衡所致。日粮中磷过多时，会促进磷酸钙从尿液中排出，易在膀胱和尿道内形成结石。

（二）临床症状

病羊出现尿滴淋，频频出现排尿姿势，弓腰疼痛不安，腹围增大，不时起卧，食欲废绝。

（三）防治措施

1. 预防

注意尿道、膀胱、肾脏炎症的治疗。控制谷物、麸皮、甜菜块根的饲喂量，饮用水要清洁。

2. 治疗

中药药方：金樱子 10 克、竹叶 10 克、智母 10 克、黄柏 10 克、泽泻 8 克、双花 10 克、黄芪 10 克、桃仁 5 克、甘草 6 克，共研细末后冲水灌服，每天 1 剂，连服 3 天。如果是群体发生结石，可将日粮钙磷比例调整到 2∶1 或稍高一点更好，但不能低于1.5∶1；如果调整到 3∶1，对公羊是没有问题的，但妊娠后期母羊会产生低血钙症，对泌乳母羊来说，会有发生产乳热的危险。

十九、羊氢氰酸中毒

氢氰酸中毒是羊吃了富有氰苷的青饲料，在胃内由于酶的水解和胃液中盐酸的作用，产生游离的氢氰酸而致病。其临床特征为发病急促，呼吸困难，伴有肌肉震颤等综合症状的组织中毒性缺氧症。

（一）发病原因

该病常因羊采食过量的胡麻苗、高粱苗、玉米苗等而突然发作。饲喂机榨胡麻饼，因含氰苷量多，也易发生中毒。当用于治疗的中药中杏仁、桃仁用量过大时，亦可致病。

（二）临床症状

该病发病迅速，通常采食含有氰苷的饲料后 15~20 分钟出现症状。首先表现腹痛不安，瘤胃臌气，呼吸加快，可视黏膜鲜红，口流白色泡沫状唾液；先呈现兴奋状态，很快转入沉郁状态，随之出现极度衰弱，步态不稳或倒地；严重者体温下降，后肢麻痹，肌肉痉挛，瞳孔散大；全身反射减少乃至消失，心动过缓，脉细弱，呼吸浅微，直至昏迷而死亡。

（三）防治措施

1. 预防

禁止在含有氰苷作物的地方放牧，是预防羊氢氰酸中毒的关键。应用含有氰苷的饲料喂羊时，宜先加工调制。

2. 治疗

发病后速用亚硝酸钠 0.2 克，配成 5%溶液，静脉注射，然后再用 10%硫代硫酸钠溶液 10~20 毫升，静脉注射。

二十、羊有机磷农药中毒

有机磷中毒是羊接触、吸入或采食某种有机磷制剂所致。

（一）发病原因

本病的病理过程是以体内的胆碱酯酶活性受到限制，从而导致神经生理机能紊乱为特征。羊采食了喷洒有机磷农药的青草、庄稼或用有机磷农药拌过的种子，采食了被有机磷农药粉末或药液污染的饲料或饮水，或使用接触过农药未经彻底洗净的用具来盛饲料，而引起中毒。由于用某种有机磷农药来驱除羊体内、外寄生虫时，对剂量或浓度掌握不准，或在药浴过程中误咽药液等而引起中毒。

（二）临床症状

病羊多在采食被有机磷农药污染的饲料或饮水后半小时至数小时内发病。轻度中毒，羊精神沉郁，略显不安，食欲减退，流涎，呼吸稍快，肠音亢进，排稀粪便。中度中毒，羊食欲停止，瞳孔缩小，黏膜苍白，口内大量流涎，瘤胃蠕动及肠音亢进，呕吐，腹泻，肌纤维性震颤，心跳增强，呼吸困难，体温升高，出汗。山羊出现咩叫。重度中毒，病羊全身战栗，表现短时间兴奋后，昏倒在地，瞳孔缩小呈线状，病羊表现痛苦，眼球震颤，全身出汗，大小便失禁，瘤胃弛缓，臌气，心跳疾速，呼吸困难，四肢厥冷，当呼吸肌麻痹时，导致窒息死亡。

（三）防治措施

1. 预防

严格执行农药管理制度，切勿在喷洒有机磷农药的牧地放牧，更不能用拌过有机磷农药的种子喂羊。

2. 治疗

有机磷中毒发展很快，必须快速救治，应以减少毒物的继续吸收、早期应用特效解毒剂为主，其他辅以对症治疗。静脉注射解磷定，按每千克体重 15~30 毫克，溶于 5%葡萄糖溶液 100 毫升中；或肌内注射硫酸阿托品 10～30 毫克。若症状不减轻，即可重复应用解磷定及硫酸阿托品。肌内注射氯磷定，按成年羊每次 25%溶液 6 毫升；或 25%溶液 4 毫升，用注射水稀释成 5%～10%的溶液静脉注射。

解磷定与氯磷定作用快，静注后数分钟即可出现效果，但在体内很快被肝脏分解而从肾排出。其作用仅持续 1.5 小时左右，故需反复用药。病重者，每隔 2~4 小时注射 1 次，最好在第一次、第二次用较大剂量，以后用小剂量维持，不宜过早停药。

解磷定对对硫磷、内吸磷等的急性中毒有良好解毒作用，而对敌百虫、敌敌畏、乐果等中毒，以及慢性有机磷中毒的治疗效果差。

上述用药，一般轻度中毒，单独使用硫酸阿托品或解磷定（氯磷定）即可，而对中度及重度中毒的病羊，必须二者合用。解磷定类药物尽量早期应用，才能取得良好效果。

二十一、硝酸盐或亚硝酸中毒

（一）发病原因

本病是由于羊食入含有硝酸盐或亚硝酸盐的植物或饮入含硝酸盐或亚硝酸盐的水而引起的中毒性高铁血红蛋白症。

白菜、萝卜叶、甜菜、马铃薯叶、小麦、大麦、黑麦等幼嫩时硝酸盐含量高，如堆放过久、雨淋、发酵腐熟，或煮熟后低温缓焖延缓冷却时间，可使其中的硝酸盐转化为亚硝酸盐；大量使用硝酸铵、硝酸钠施肥，使饲料中硝酸盐含量增多；在羊舍、粪堆、垃圾附近的水源，常有危险量的硝酸盐存在，如水中的硝酸盐含量超过 200~500 毫克/升，即可引起中毒。

（二）临床症状

急性中毒，羊沉郁，流涎，呕吐，腹痛，腹泻，脱水。可视黏膜发绀。呼吸困难，心跳加快，肌肉震颤，步态蹒跚，卧地不起，四肢划动，全身痉挛。慢性中毒，羊前胃弛缓，腹泻，跛行，甲状腺肿大。

（三）防治措施

1. 预防

种植饲料的土地应限制使用粪尿和氮肥，接近收割的牧草不使用硝酸盐和 2,4-D 等化肥、农药，以减少其中硝酸盐的含量。

2. 治疗

用甲苯胺蓝配成 5% 溶液，按 0.5% 溶液每千克体重静脉注射或肌内注射 0.5 毫升，疗效比亚甲蓝高。用 0.1% 高锰酸钾水洗胃。重症羊用含糖盐水 500~1 000 毫升、樟脑磺酸钠 5~10 毫升、维生素 C 6~8 毫升静注。

二十二、羊谷物酸中毒

谷物酸中毒是因羊采食或偷食谷物饲料过多，从而引起瘤胃内产生乳酸的异常发酵，使瘤胃内微生物增多和纤毛虫生理活性降低的一种消化不良疾病。

（一）发病原因

主要为过食富含碳水化合物的谷物如大麦、小麦、玉米、高

梁、水稻，或谷皮和豆粕等精饲料所引起。本病发生的原因主要
是对羊管理不严，致使偷食大量谷物饲料或突然增喂大量谷物饲
料，使羊突然发病。

（二）临床症状

通常在过食谷物饲料后 4~6 小时内发病，呈急性消化不良，
表现精神沉郁，腹胀，喜卧，亦见有腹泻，很快死亡。

一般症状为食欲、反刍减少，很快废绝，瘤胃蠕动变弱，很
快停止。触诊瘤胃胀软，内容物为液体。体温正常或升高，心律
和呼吸增数，眼球下陷，血液黏稠，皮肤丧失弹性，尿量减少，
常伴有瘤胃炎和蹄叶炎。

（三）防治措施

1. 预防

加强饲养管理，严防羊偷食谷物饲料及突然增加精饲料的喂
量，应控制喂量，做到逐步增加，使之适应。

2. 治疗

（1）中和胃液酸度，用 5%碳酸氢钠 1 500 毫升胃管洗胃，
或用石灰水洗胃。石灰水制作：生石灰 1 千克、水 5 升，搅拌均
匀，沉淀后用上清液。

（2）对病羊进行强心补液，可用 5%葡萄糖盐水 500~
1 000 毫升，10%樟脑磺酸钠 5 毫升，混合静脉注射。

（3）健胃轻泻用大黄苏打片 15 片、陈皮酊 10 毫升、豆蔻酊
5 毫升、液状石蜡 100 毫升，混合加水，1 次内服。

参考文献

程俐芬, 2014. 图说如何安全高效养羊 [M]. 北京：中国农业出版社.

郎跃深, 倪印红, 何占仕, 2021. 肉羊60天育肥出栏与疾病防控 [M]. 北京：化学工业出版社.

王福传, 段文龙, 2023. 图说羊病防治新技术 [M]. 北京：中国农业科学技术出版社.

熊家军, 肖峰, 2018. 高效养羊 [M]. 北京：机械工业出版社.

张英杰, 2015. 羊生产学 [M]. 北京：中国农业大学出版社.